太空天气入门

〔美〕马克·莫德温　著
史全岐　郭瑞龙　译
冯永勇　校

科学出版社
北　京

图字：01-2022-2309 号

内 容 简 介

太空天气（即空间天气）是空间科学的一个新兴领域，主要研究日地关系对社会和技术的影响。太阳对地球的空间环境有着巨大的影响，它以电磁辐射和粒子辐射的形式释放出大量的能量，这些辐射有可能损坏或摧毁卫星、导航、通信和配电系统，伤害宇航员。这本教科书介绍了太阳和地球之间的关系，并展示了它如何影响我们的技术和社会。

作为首批针对非理科专业的太空天气本科教材之一，本书利用太空天气的实践知识来介绍空间物理学，以帮助学生了解太阳与地球的关系。全文对重要的术语进行了定义，每章都包含关键概念、补充和复习，以帮助学生加强理解。这本教科书可以作为空间物理入门课程的理想教材。

马克·莫德温曾是加州大学洛杉矶分校地球与空间科学系、地球物理与行星物理研究所的空间物理学教授（现就职于密歇根大学）。其主要研究领域是磁层和日球层等离子体物理，并致力于中小学生的空间科学教育和科普活动。

图书在版编目(CIP)数据

太空天气入门/(美)马克·莫德温(Mark Moldwin)著. 史全岐，郭瑞龙译. —北京：科学出版社，2022.9
书名原文: An Introduction to Space Weather
ISBN 978-7-03-072303-1

Ⅰ. ①太…　Ⅱ. ①马…　②史…　③郭…　Ⅲ. ①空间科学–天气学–教材　Ⅳ. ①P35

中国版本图书馆 CIP 数据核字(2022)第 085336 号

责任编辑：韩　鹏　崔　妍/责任校对：何艳萍
责任印制：吴兆东/封面设计：夏冰颖　图阅盛世

科学出版社 出版
北京东黄城根北街 16 号
邮政编码：100717
http://www.sciencep.com

北京虎彩文化传播有限公司 印刷

科学出版社发行　各地新华书店经销
*
2022 年 9 月第 一 版　开本：720×1000　B5
2022 年 12 月第三次印刷　印张：8 1/2　插页：3
字数：176 000

定价：98.00 元

（如有印装质量问题，我社负责调换）

译 者 序

2021 年被很多人称为“太空旅行业元年”（或称为“商业太空旅行元年”），有三家企业将多名员工和游客送到了穹顶之上。同年秋天恰逢“地球和行星太空天气”通识课获批在山东大学开设，授课期间我们与同学们一起见证了这三次各有特色的太空旅行过程。参加课程的同学来自全校各个专业，既包括生物、电子、机械、数学、通信等理工专业，也包括法学、国政、金融、商务、外语、新传、艺术等文科专业。授课过程中，我们不禁和同学一起探讨：世界首富们（上述三个企业的领袖分别是在 2021 年交替成为世界首富的杰夫·贝索斯和埃隆·马斯克，以及成名更早的传奇富豪理查德·布兰森）近年来争先恐后地布局商业航天，这意味着什么呢？这些处在所谓的“信息生态链”顶端的人类个体们投身航天事业，是仅仅为了实现他们儿时的梦想，还是由成熟的现代技术与时势共同推动所致？

人类进行航天活动，一方面是为了探索未知，了解我们的宇宙，满足人类最原始的好奇心；另一方面，是要拓展我们人类的生存空间，即“和平利用太空”。回顾人类社会发展历史，我们可以发现，人类在一直不停地拓展生存空间，从陆地（如以考古发现的 300 多万年前的南方古猿阿尔法种的地面行走为开始标志）到海洋（以 15 世纪末开始的地理大发现即“大航海时代”为始），再到大气（若以19世纪末到20世纪初的飞艇和飞机相继出现和应用为始)，如今进入了太空(也称为“空间”，以 1957 年苏联第一颗人造卫星上天为始）。目前，几千颗人造卫星正在环绕地球为我们提供服务，太空站（也叫航天站、空间站）上有人类常驻，人类已经实现了载人登月，近年多国还计划登陆火星，太空开始成为人类的“第四生存空间”。人类现已进入“太空大航海时代”，我们国家也没有像上次错失大航海时代的发展机遇那样错过这次新航海时代，早已把空间科学列为了重要的国家战略。除了国家自 1970 年就开始的并一直大力发展着的各种太空活动之外，2014 年年底国务院还发文鼓励民间资本参与商业航天，其后短短几年已有 100 多家民营航天企业相继成立并开展多种航天业务。以目前的发展趋势来看，我们相信将来去太空旅行就会像现在乘坐飞机甚至驾驶汽车旅行那样方便，并且这很可能会在我们有生之年实现。正如 SpaceX 在其首次太空旅行的宣传片里面说：“If they can go, we all can go（如果他们能去，那我们就都可以去）”。

“春雾日头夏雾雨，秋雾凉风冬雾雪”“朝霞不出门，晚霞行千里”。古往今来，从经验谚语的总结到精确的数值预报，无论是在陆地、海洋或天空，无论是民用还是军用部门，都非常重视对天气的预报，投入了巨大的人力物力去提高天气预报的准确度。那么，当我们在第四生存空间——太空进行活动和探索时，是不是也需要关心那里的“天气”状况？那里如此的“空”，还会有所谓的“天气”吗？此外，正如本书作者所说，即使我们生活在地球表面，日常生活中每个人每天恐怕也至少使用了一颗卫星——我们在收看节目、开车导航、跟踪快递包裹、使用信用卡购物、查看天气信息等日常生活中，都使用到了卫星提供的服务。那么，远在太空的天气变化会如何影响到我们近在地面的技术系统？这些问题都是太空天气课程和本书所要探讨的内容。

本书第一章介绍了什么是太空天气（业内通常称为空间天气），它和我们生活中常见的普通天气到底有什么区别；第二、三章介绍了一般太空天气的主要源头：太阳和日球层；第四、五章介绍了太空天气的主要体现区域（如磁层、高层大气、电离层等）的背景和活动特性；第六章讨论了太空天气对各种太空和地面技术系统的影响，如今年 SpaceX 公司在其官网宣布的磁暴这一太空天气现象导致 40 颗卫星不能入轨的论断，可以在该章找到相关内容和依据；第七章介绍了在太空中生活所面临的一些危险，包括辐射、真空、微重力、流星体等；第八章还探讨了其他可能的太空天气现象，包括太空天气可能对长期气候变化造成的影响，小行星和彗星撞击、超新星爆发等可能对地球和人类造成的风险也被作者纳入了太空天气的范畴。

鉴于太空天气对各行各业的影响越来越大，我国在多年前就成立了太空天气的研究部门和业务部门，而 2010 年国家颁布的《气象灾害防御条例》把太空天气与台风、暴雨、沙尘暴、地质灾害等一起列为重点防御对象，首次以法律规范的形式对太阳风暴、地球空间暴等太空天气灾害的监测、预报和预警工作作出规定。近几十年来，设立空间物理与太空天气学科的高校从原来仅有的三所（北京大学、中国科学技术大学、武汉大学）扩大到了包括我们山东大学在内的 20 多所，为我国培养着越来越多太空天气领域的人才。多年的科学研究和专业授课使我们越发意识到，空间科学是一门既能仰望星空，又可脚踏实地的学科。同时它的交叉性非常强，我们既需要本学科的同学具有多学科的背景，又希望更多不同学科的同学参与到空间科学的学习和工作中来。来选修太空天气课程的同学虽来自上述众多专业，但他们将来都可能在空间科学事业中找到自己的用武之地，而本书和这门课程能够为他们提供一定的基础知识储备。由于水平所限和课程的紧迫需要，我们无法在短时间内准备好一本文科生也能够读懂的太空天气教材，幸而密歇根大学莫德温教授的这本针对非理科学生的《太空天气入门》进入了我们的视野，它既是教材，同时也可作为科普读物。因此，我们决定将这本书翻译成汉语出版，作为同学们的入门教材。同时，如果本译作可以增进其他领域的同仁们对太空天气的了解，更将是我们莫大的荣幸。

由于学科的快速发展，从2008年原著出版到现在，太空天气的知识已经有部分更新，译者也在相关地方进行了补充注释。原作者马克·莫德温教授对我们的工作给予了极大的支持。莫德温教授在本书的英文原版出版时为美国加州大学洛杉矶分校地球和空间科学系、地球物理与行星物理研究所（IGPP）教授，目前就职于美国密歇根大学工程学院气候与空间科学及工程系，并任亚瑟·图尔瑙（Arthur F. Thurnau）教授。他还是美国地球物理学会（AGU）教育部的主席，主要研究方向为空间物理和太空天气，且十分热心于公众科普教育，曾获美国地球物理学会沃尔多·史密斯（Waldo E. Smith）奖等荣誉。他为人热情且兴趣广泛，记得有一年在美国地球物理年会上，他的墙报内容是美国空间物理博士培养和就业情况的统计，令人耳目一新。莫德温教授以他巨大的热情多年来投身公众科普，本书正是他在这方面所积累的知识与经验的结晶。

同时我们感谢孙为杰博士（山东大学培养的首批空间物理研究生之一，目前为密歇根大学研究科学家）在译者和莫德温教授沟通方面所做的努力。感谢山东大学赵金燕、唐涛、贺鹏志、王天傲、夏冰颖、黄正化等同学和同事在文字和图片加工等诸多方面的努力，没有他们的付出，此译作不会这么及时地完成。感谢北京大学刘永岗教授和王海峰博士在地质专业方面的帮助。莫德温教授的知识面很广，书中内容涉及了化学、地质、材料、光谱等学科，这也给来自空间物理专业的译者带来了一定的难度。为做到译作的“信、达、雅”，从杨绛和傅雷先生等人的文章里学习了一点翻译方法的皮毛后，我们也对其中一些知识点进行了一定的考证，例如马可尼跨洋通信试验的内容以及关于冰期的一段叙述，都让我们花多天时间反复进行修改。即便如此，因水平所限，译作中可能还存在一些不准确或不合适的地方，希望同行和其他读者们能够帮助指出，我们定会在下一印次中（莫德温教授的第二版因疫情原因出版时间还不定）认真改正。

星辰大海一直在等着我们，如今“云霞明灭或可睹”，请读者们带上本书准备好，与我们一起畅游天地间。

译 者

2022年2月14日

原书前言

在过去的几十年里，人类的技术文明已经变得越来越依赖卫星进行全球通信、导航和商业活动。我们还开始了探索月球、火星和太阳系的漫长旅程。

这类探索使得人类在动态的太阳及其与地球相互作用方面有了一些惊人发现。我们现在知道，太阳是一颗活跃的恒星，它不断将高能粒子和致命的辐射排入太空。这种辐射会影响和摧毁技术系统，是人类进行太空探索时主要关注的问题之一。

20 世纪 90 年代，商业卫星产业蓬勃发展，家庭卫星电视市场和卫星通信产业不断扩大。到了 2000 年，卫星通信行业每年的业务额接近 1000 亿美元，每年发射近百颗新卫星。随着商业业务的增长以及不同市场对太空依赖的增强，全社会开始关注太空出现的问题。

直到 1998 年 5 月 19 日，银河四号（Galaxy Ⅳ）都是一颗在轨运行和正常盈利的通信卫星，然而，在经历了数周的太阳及其与地球太空环境相互作用产生的强辐射后，它报废了。银河四号承载了北美超过 90% 以上的寻呼机和几个主要广播网络的信号，包括美国国家公共广播电台（NPR）和哥伦比亚广播公司（CBS）。缺少了这颗价值 2 亿美元的卫星，数以百万计的寻呼机信息、NPR 广播和 CBS 电视节目无法传播，这导致电台和电视台的制作人都焦头烂额地忙着弥补这段窝工时间，医生和商界人士发现自己与医院和客户失去了联系。银河四号卫星很可能就是太空风暴的受害者。太空风暴不仅会损坏或摧毁轨道上的卫星，还会对航天员造成伤害甚至致其死亡，并削弱或中断某些无线电和导航信号，破坏电网的关键部件造成区域电力故障。随着卫星通信行业的持续发展，以及对无线通信和即时获取全球信息途径的日益依赖，我们越来越容易受到太空天气的影响。

本书同时采用定性和定量的方法向读者介绍太空天气这一新兴的领域，数学水平达到高中代数这一程度的读者即可阅读和学习。由于科学不仅是一些事实的堆砌，更是一种理解我们自然世界的过程或方式，因此本教材试图通过讨论各种概念的历史演变，来回答“我们怎么知道？”这一问题。

本书源自加州大学洛杉矶分校三门本科课程的教案——第一门是新生研讨会，第二门是荣誉学院课程（Honors Collegium course），第三门是于 2004 年秋季首次开讲的名为“太空中的危险：太空天气入门”的非理科专业通识教育课程。

书中每章分为两部分：描述太空天气主题的正文和对每个主题背后重要物理概念的补充阅读材料。章末问题与思考有助于读者深入理解该章各个方面的内容。每章开头都列出了关键概念，并且在正文中以粗体显示这些概念，以便于希望了解太空天气的读者熟悉掌握。

致　谢

这本书的编写受到了加州大学洛杉矶分校（UCLA）太空天气入门课程的学生的启发。许多朋友和同事，包括哈米德·拉苏尔（Hamid Rassoul）、克里斯·拉塞尔（Chris Russell）、鲍勃·麦克弗伦（Bob McPherron）、马尔吉·基韦尔森（Margy Kivelson）和雷·沃克（Ray Walker），帮助我完成了这本书。我特别感谢杰夫·桑尼（Jeff Sanny）非常认真和深思熟虑的评论。没有朱迪·霍尔（Judy Hall）编辑的协助，这本书永远不可能完成。她对这个项目的专业精神和热情使本书得以出版。我的研究生马特·菲林吉姆（Matt Fillingim）、保罗·马丁（Paul Martin）、大卫·贝鲁贝（David Berube）、梅根·卡特赖特（Megan Cartwright）和大卫·加尔文（David Galvan）以及博士后詹姆斯·魏刚（James Weygand）和恩达沃克·伊岑高（Endawoke Yizengaw）也在本书的编写过程中发挥了作用，他们帮我将我对研究的热情与对教学的热爱结合起来。感谢支持我努力将研究和教学结合起来的导师杰夫·休斯（Jeff Hughes）、詹姆斯·帕特森（James Patterson）和米歇尔·汤姆森（Michelle Thomsen）。最后，我要感谢我的妻子帕蒂（Patty）和孩子们安迪（Andi）、凯尔（Kyle）在编写这本书的漫长过程中给予我的支持和爱。

目　录

Contents

第一章　什么是太空天气？

“太空天气”（又译为“空间天气”）是指发生在太阳、太阳风、磁层、电离层和热层中的一些现象，它们会影响太空和地面技术系统的性能和可靠性，并可能危及人类的生命或健康。太空环境中的不利条件可能导致卫星运行、通信、导航和配电网等系统的中断，造成各种社会经济损失。

——美国《国家空间天气战略计划》，1995 年。联邦气象服务和研究支持协调办公室，FCM-P30-1995，华盛顿特区。

1.1　关键概念

- 太空天气（空间天气，space weather）
- 气候（climate）
- 气象学（meteorology）
- 地球大气层（Earth’s atmosphere）

1.2　导　　言

自 20 世纪 50 年代末以来，我们迈入了航天文明时代。借助机器人和载人航天器，我们已开始对太阳系进行探测。人们现已了解到，我们被包围在一个充满活力、强烈活动的太阳的大气层中，太阳不仅为地球上的生命提供能量，也会对其卫星和通信系统造成严重破坏。**太空天气**是空间科学的新兴领域，研究太阳如何影响地球的空间环境以及这种相互作用的技术和社会影响——对地球轨道卫星的损害或毁坏、对宇航员（在执行月球、火星和地球长期飞行任务期间）的安全威胁以及对全球通信和导航系统的可靠性和准确性的影响。

现代社会依赖于对天气的准确预报（温度、湿度、降雨等的日常变化）和对**气候**的理解（长期天气趋势），以促进商业、农业、交通、能源政策的发展及缓解自然灾害。认知天气的科学——**气象学**是人类为了理解自然环境而做的最长久的巨大努力之一。与气象学一样，太空天气学的目的也是了解和预测**气**

候和天气，但是聚焦于外层空间。其实几千年来太空风暴一直肆虐在我们的头顶上，只是我们不曾感知。但随着太空时代的到来，人们开始注意到恶劣太空天气的破坏力。

和普通天气一样，太空天气也起源于太阳。这两种天气的主要区别在于发生的区域以及影响它们的太阳能量类型不同。普通天气关注的区域从地球表面延伸到最高云层的顶部，即大约距地球表面 10km 处。而太空天气关注的区域从地球一直延伸到太阳周围的太空环境（译者注：随着深空探测的发展，其他行星例如土星、木星、天王星等附近的太空天气也日益受到关注）。太空开始于**地球大气层**的一个区域，我们称之为热层，其起点高度距地球表面约为 100km。航天飞机和太空站在距地球表面大约 350km 的高度飞行，彩图 1 显示了航天飞机拍摄的地球大气层图片。在距地球表面大约 100km 处，地球大气的蓝色与太空的黑色形成了鲜明的对比。

普通天气和太空天气的第二个区别是影响这两个区域的太阳能量类型不同。太阳不断向太空发射两种主要的能量：电磁辐射和微粒辐射。可见光、无线电波、微波、红外线、紫外线、X 射线和伽马射线是电磁辐射的形式，太阳的这些电磁辐射以约 1400W/m^2[①]的能量浇灌着地球大气层顶部，并不均匀地加热着低层大气、地表和海洋。风就是由这些大气温度的差异驱动的。

太阳还不断地发射微粒（微小的颗粒，minute particle）辐射，带电原子和亚原子粒子（主要是质子和电子）形成所谓的太阳风。像地球上的风一样，太阳风也是由温度差异驱动的，但这些差异体现在太阳高层大气和行星际空间之间。太阳风携带着太阳磁场扩展到整个太阳系，形成了一个被称为日球层（Heliosphere，“helios”是希腊语中太阳的意思）的星际空间区域。

太阳风既不稳定也不均匀，在不断地变化着。这些变化以多种方式影响地球的空间环境，包括产生新的微粒辐射轰击地球高层大气，造成极光（北极光和南极光）和强电流，并干扰通信、电网和卫星导航。

太阳表面偶尔会产生喷发现象并使得很大一部分太阳大气以很高的速度流出。这种现象被称为日冕物质抛射（coronal mass ejections，CMEs），每次抛射 1×10^{12}kg 的物质（相当于 25 万艘航空母舰），能够以超过 1000km/s 的速度

① 瓦特（W）是国际单位制的功率单位（单位时间内转换、使用或耗散的能量），以詹姆斯·瓦特（James Watt，1736—1819 年）的名字命名，詹姆斯·瓦特是苏格兰工程师和科学家，因为使蒸汽机成为实用设备而受到赞誉。

离开太阳（彩图 2）。如果 CMEs 是向地球运动的，一场巨大的太空风暴会在我们头顶上发生，使卫星瘫痪，导致飞机机组人员和乘客经受的辐射照射量增加，使某些波长的无线电通信受阻，并破坏地球上的电力系统。

这些太空风暴，就如 2005 年的卡特里娜飓风等气象风暴一样，曾对技术系统造成过严重破坏。1989 年 3 月，一个大型的 CME 撞击地球，导致加拿大东部大面积停电。新兴的太空天气学试图了解太空风暴的成因及其对地球上科技基础设施的影响，我们希望能够预测太空天气并降低损害。

科学中一些专有技术名词的起源

古希腊人认为天空是围绕地球的同心球体，行星（希腊语中的流浪者）、太阳和月亮在它们各自的天球上移动，而星星则在它们后面的天球上以固定步伐移动。科学借用了这一世界观，命名行星和太阳的同心区域时使用希腊语的前缀加上希腊语后缀“球体”（sphere）（译者注：中文译为“圈”或“层”）。地球的岩石表面通常被称为岩石圈（lithosphere，“litho”的意思是石头），地球上水的总称为水圈（hydrosphere，“hydro”的意思是水），存在生命的区域为生物圈（biosphere，“bio”的意思是生命）。包围地球的一层气体被称为大气层[atmosphere，“atmos”的意思是蒸气（vapor）或气态]。大气被进一步分为多个子区域，如表 1.1 中所示。层之间的边界称为“顶（pause）”（译者注：英文原意为“暂停”，例如，对流层和平流层之间的边界是对流层顶，tropopause）。后几章将再介绍几个其他“层”和“顶”。图 1.1 显示大气层各个子层随高度的分布情况。需要注意的是，每个层具有不同的温度随高度变化的廓线。例如，对流层的温度随着高度的升高而降低，而平流层的温度随着高度的升高而升高。

表 1.1　用于地球大气层不同区域的前缀

前缀	中文翻译（原文为英文）	高度	特征
tropo	对流（层）	0—10 km	气象发生的地方
strato	平流（层）	10—50 km	臭氧层的位置
meso	中间（层）	50—80 km	最冷的地区
thermo	热（层）	80 km—	太空开始的地方
iono	电离（层）	80 km—	极光发生的地方

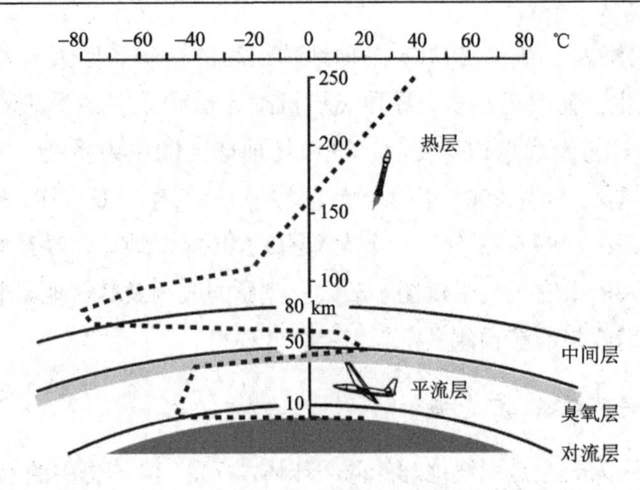

图 1.1　地球大气层的垂直温度分布

虚线表示温度随高度的变化。各个区域由温度随高度变化的趋势决定（该图出自 Cislunar Aerospace 公司）

1.3　太空天气简史

针对太空天气的研究始于对三种自然现象——极光（也称为北极光或南极光）、地球磁场和太阳黑子（在太阳表面观测到的黑暗区域）的系统观测。尽管对极光的系统研究直到 16 世纪才开始，但因为极光可以用肉眼看到，所以已经被观察了几千年。在 17 世纪初，灵敏的指南针和望远镜的出现使得针对地球磁场和太阳黑子本质的探索成为可能。

研究太空天气可以追溯这三种现象相互关联的根源。第一次试探性溯源工作是在 19 世纪中叶开展的。一百多年来，我们逐渐扩展了对太阳和地球空间环境的了解，并由此开始发展连接太阳和地球的物理模型。本节简要介绍了这些关联的发现史，并介绍了一些引导我们理解日地关系的科学家。正如其他科学领域一样，发展太空天气领域与我们理解物理和化学以及开发新技术等的目标一致——使我们能够“看到”“看不见”的东西（由于太小或太远而无法用肉眼看到，或超出了我们的视觉、听觉或感知的能力范围的事物，例如无线电波和磁场）。附录 A 提供了一个网站，详细记录了我们对太空天气认知的时间表。

1.3.1　极光

我们的祖先很早就观测到了极光（aurorae）。但直到 18 世纪，大多数关于极光的论述都来自那些可能从未观察过极光的人对极光起源的猜测。这些猜测通常跟从了亚里士多德（Aristotle，公元前384—前322年）认为极光是燃烧的火焰的想法，或勒内·笛卡儿（René Descartes，1596—1650年）认为极光是被冰晶或雪晶反射的月光或阳光的想法。对极光的系统性观测始于16世纪。有史以来最伟大的天文学家之一第谷·布拉赫（Tycho Brahe，1546—1601年）记录了1582年至1598年间在乌拉尼堡天文台（丹麦）发生的极光。他发现极光出现的次数每年都在变化，但没有记录到任何系统或规律的变化。1621年9月12日，来自法国南部的天文学家皮埃尔·加森迪（Pierre Gassendi，1592—1655年）和来自威尼斯的**伽利略**[①]观测到了相同的极光。加森迪称之为北极光（lights aurorae, aurora borealis，或拉丁语的northern dawn），这个名字自那以后一直与极区出现的光（polar lights）联系在一起。他指出，极光必须发生在地球大气层中很高的地方，这样才能使相隔很远的观测者看到同样的现象。

在18世纪，许多观察报告开始阐释极光的起源。法国人让-雅克·德奥尔图尔·德迈兰（Jean-Jacques d'Ortour de Mairan，1678—1771年）在1726年首次粗略测量了极光高度，其结果与加森迪关于极光发生在高层大气的观察报告一致。英国科学家亨利·卡文迪什（Henry Cavendish，1731—1810年）在1790年使用三角测量方法正确地估计极光高度为80—112km。然而，这些研究对极光高度的估计仍有很大的不确定性。直到1900年左右，挪威科学家卡尔·斯托默（Carl Størmer，1874—1957年）才使用摄影技术准确地测量了极光高度。

1773年2月17日，詹姆斯·库克（James Cook）船长在南纬58°附近的印度洋上观测到极光，成为第一个观测南极光（他称之为aurora australis）的欧洲人。他在航海日志中写道："在天空中可以看到亮光，类似于那些存在于北半球的光，它们以北极光这个名称而闻名。"

在19世纪，随着极地探险家报告的汇编，极光在以北极和南极为中心的大型椭圆内的分布变得清晰。约翰·富兰克林（John Franklin）船长确定了极光观测到的次数在靠近极点时减少的规律，暗示着存在一个极光区。他后来在试图寻找西北航道时与船员一起不幸遇难。1833年，德国地理学家乔治·威廉·蒙克（Georg Wilhelm Muncke，1772—1847年）指出，存在一个极光发生率最大的区域，它的纬度范围是有限的。1860年，耶鲁大学的伊莱亚斯·卢米斯（Elias Loomis，1811—1888年）教授发表了第一张显示了极光最常见区域的北极地图（图1.2）。

---

① 伽利略·伽利雷（Galileo，Galilei，1564—1643年），意大利物理学家和天文学家，现代科学方法的奠基人。他是第一个使用望远镜进行天文观测的人，他发现：木星拥有卫星（以他的名字命名为伽利略卫星）；金星具有相位，这为哥白尼的日心说提供了直接支持；银河系由众多独立恒星组成；月亮上存在山脉。

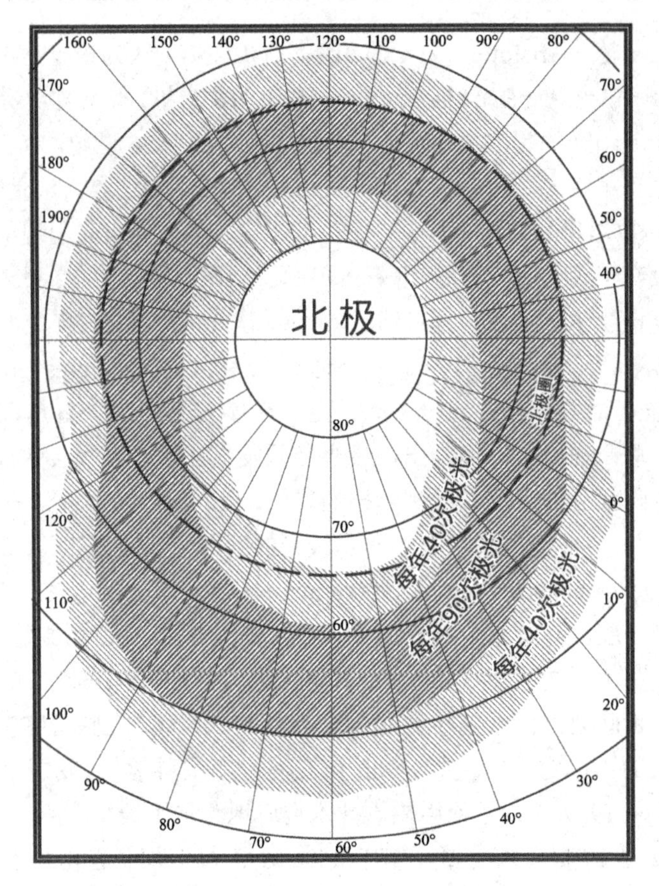

图 1.2　卢米斯教授 19 世纪晚期研究得到的极光椭圆形

需要注意的是，极光发生的区域围绕着极点，但不是在极点（Loomis，1869）

因此，到 19 世纪中叶，人们已经知道一些关于极光的事实：它们发生在南北两极地区的椭圆带中，且位于高层大气中。针对极光产生原因的探索仍在进行中。

1.3.2　地磁场

1088 年，中国百科全书式作家沈括（1031—1095 年）首次描述了指南针："以磁石磨针锋，则能指南。"来自圣奥尔本斯的亚历山大·内翰（Alexander Neckham，1157—1217 年）在 1187 年出版了他的《事物的本质》一书，成为了第一个描述指南针的欧洲人。内翰可能听说过通过丝绸之路从中国传到西欧的中国指南针。1576 年，罗伯特·诺曼（Robert Norman）发现地球磁场存在一个垂直的分量，并称之为“下降 (dip)”。**威廉·吉尔伯特**[①]（William Gilbert）（后来成为伊丽莎白一世女王的私人医生）将这一发现与他的名为特洛拉（terrella）的磁场模型相结合，于1600年写了一本名为《论磁》（*De Magnete*）的书。在这本书中，他证明了地球磁场的实质就像一块磁铁，这引起了对将磁场方向作为地球位置的函数的系统研究。这些研究得到的磁场图使得人们可以用指南针进行导航。1722年，乔治·格雷厄姆（George Graham，1674？—1751年）制造了一个足够灵敏的指南针，可以观察导致指南针轻微“扭动”的微弱的（通常小于1°）地磁场（geomagnetic field）的不规则变化。

因此，18世纪初人类对地磁学的认知是，地球有一个像普通磁铁一样的磁场（称为偶极磁场），但同时存在着规律和不规律的变化。针对地磁场扰动起因的研究正在进行。

1.3.3　太阳黑子

1610年，伽利略将望远镜转向太阳，把太阳图像聚焦在一张纸上，从而观测到了太阳黑子（sunspots）（图1.3）。其他几位观察家——约翰内斯·法布里修斯（Johannes Fabricius）、托马斯·哈里奥特（Thomas Harriot）和克里斯托夫·谢纳（Christoph Scheiner）——利用新研制的望远镜也基本同时地观察到了太阳黑子。但它们是什么？谢纳认为它们是在太阳和地球之间运行的卫星或行星[水星、金星或神秘的祝融星（Vulcan，译者注：原认为存在于太阳与水星轨道之间的一颗假想行星，其可能性已被排除）]，而伽利略则认为它们位于太阳表面。1749年，瑞士苏黎世天文台最先开始对太阳黑子进行日常观测（在天气允许时）。塞缪尔·海因里希·施瓦贝（Samuel Heinrich Schwabe，1789—1875年）利用苏黎世天文台的太阳黑子数据，在1844年前后确认了太阳黑子的11年周期特性。他最初的目标是找到像伽利略时代猜想的那种水星轨道以内的行星，为此他开始系统地寻找那些假想的行星经过太阳的“凌日”现象。与此同时，他精心记录了18年来每个太阳黑子的位置。通过这个数据集，他发现了11年的太阳黑子周期，但从未发现有（假想）行星穿越了太阳。

因此，到19世纪中叶，人们知道了太阳黑子位于太阳上，它们的数量变化有一个11年的周期。然而太阳黑子是什么，以及它们对地球有什么影响等问题仍未解决。

---

① 威廉·吉尔伯特（William Gilbert，1544—1603年），英国物理学家、医生，开创了地磁学领域。他是接受哥白尼日心说的英国科学家，他认为可能存在宜居的世界正围绕其他恒星运行。

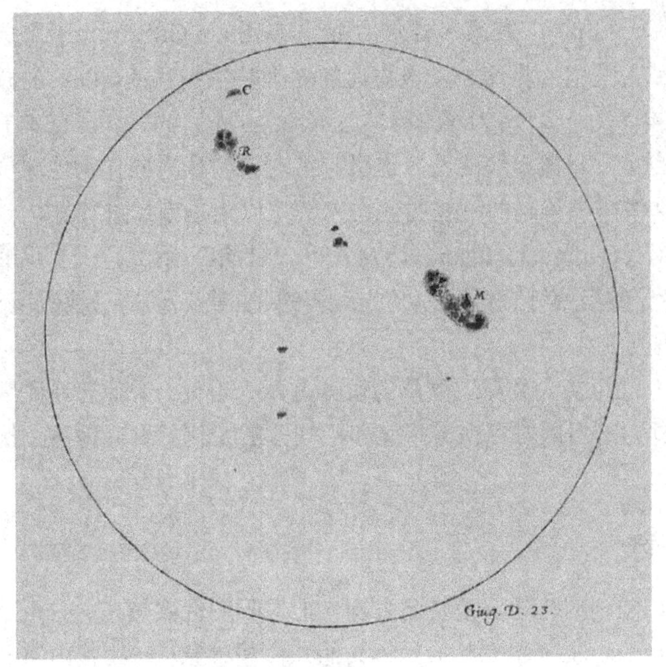

图 1.3　伽利略于 1610 年绘制的太阳黑子图[源自 Galilei（1613）；由欧文·金格里奇（Owen Gingerich）提供]

1.3.4　将极光、地磁场和太阳黑子联系在一起

因哈雷彗星而闻名世界的英国天文学家埃德蒙·哈雷（Edmond Halley，1656—1742 年）指出，1716 年 3 月 16 日发生在伦敦上空的极光中，似乎存在像地磁场线那样向地球会聚的射线形态。他根据铁屑在磁铁周围形成的形状，推断并绘制了地球外的磁场线。直到 1770 年，瑞典科学家约翰·威尔克（Johann Wilke）观测并证实了极光实际上与地磁场线平行。1722 年，英国的仪器制造商乔治·格雷厄姆（George Graham）用指南针观察到轻微的磁场扰动，这个磁场扰动后来被证明与安德斯·摄尔西乌斯（Anders Celsius，他的姓被用作温度的单位）和他的学生（也是他妹夫）奥拉夫·希奥特（Olaf Hiorter）于 1747 年在瑞典乌普萨拉观测到的极光有关。摄尔西乌斯教授的仪器来自格雷厄姆，他们会定期进行通信。由此，格雷厄姆发现伦敦有地磁活动（也即磁场扰动）的时间也正是乌普萨拉发生地磁活动的时期。这表明了地磁活动和极光发生在很长的距离上。希奥特写道："极光一定是发生在我们大气中位置最高的自然现象，如此之高、如此广泛，以至于它们可以同时出现在乌普萨拉和伦敦，……扰乱磁针"。此后，他们以及其他科学家开始观察超大地磁扰动（在几分钟内磁针被扰动了好几度）的周期。如今这

些巨大的地磁扰动被称为磁暴。

在19世纪中叶，爱德华·赛宾（Edward Sabine）上校和鲁道夫·沃尔夫（Rudolf Wolf）教授分别独立地首次发表了太阳黑子与地磁活动之间存在相关性的成果。赛宾是一名英国军官（后来被封为爵士），掌管着监测天气和地磁场变化的全球英属天文台。自从磁指南针被普及使用，了解地磁场对导航变得非常重要。鲁道夫·沃尔夫是苏黎世天文台的台长，因此他获得了世界上时间最长的关于太阳黑子的记录。格雷厄姆和摄尔西乌斯的研究将极光与地磁活动联系起来，而赛宾和沃尔夫的研究将地磁活动与太阳活动联系了起来。由于极光的报道不可靠（受夏季时长、云层、高纬度地区人口数量有限等因素限制），还要等数年的时间才能清楚地证明极光的发生也与太阳活动有关。

一个问题随即被提了出来：太阳黑子与地球磁场的联系是什么？1859年，格林尼治天文台的天文学家理查德·卡林顿（Richard Carrington）在太阳黑子上方观测到一颗白光耀斑后，他在给英国皇家学会的一封信中说，耀斑发生后的一天之内就发生了地磁扰动（图1.4显示了卡林顿绘制的耀斑）。在这封信中，他暗示两者也许有因果关系。然而，在1859年，人们假定太空是完全真空的，电子和其他亚原子粒子的发现是40年之后的事情。当时对电磁辐射（比如光）还没有明确的理解。1863年，**开尔文勋爵**[①]，19世纪具有代表性的物理学家之一，在计算

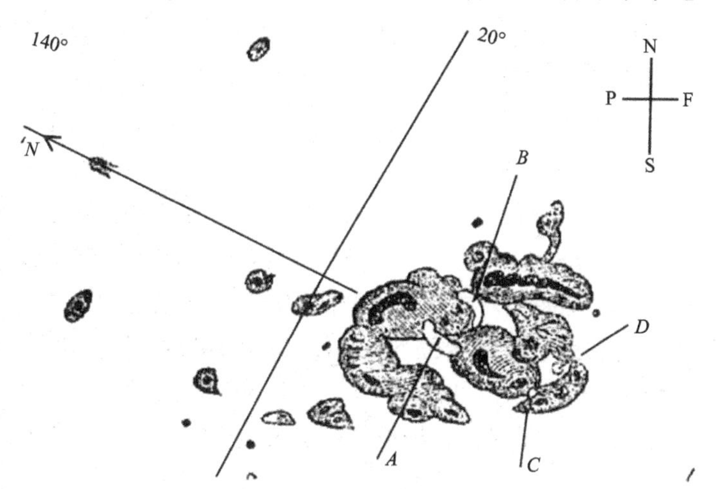

图1.4　卡林顿1859年绘制的与太阳黑子群相关的白光太阳耀斑

来自Carrington（1860）

① 威廉·汤姆森·开尔文（William Thomson Kelvin, 1824—1907年），在爱尔兰出生的苏格兰物理学家，是19世纪最伟大的科学家之一。他的研究工作包括热力学、电学和磁学。他还是一个企业家，因其发明使得第一个跨大西洋电报成功完成而变得富有。他提出了绝对温标，现在将该温标的单位称为开尔文（K）以对他表示敬意。

得到太阳磁场不可能在太阳和地球之间的巨大距离上影响地球磁场的结论后，对太阳黑子与地磁活动之间的联系提出了强烈的怀疑。他在 1892 年英国皇家学会的会长报告中表达了这些想法："似乎我们也可能被迫得出结论，设想的磁暴和太阳黑子之间的联系是不真实的，它们在发生周期上的表面上的一致性只不过是巧合。"

尽管存在这种观点，但一些发现表明来自太阳的物质或许可以传播到地球。1869 年，J. 诺曼·洛克耶（J. Norman Lockyer）发明了太阳光谱仪，并观测到日珥（大的等离子体环）可以到达太阳大气层上方。第二年，查尔斯·杨（Charles Young）拍摄了第一张太阳日珥的照片。太阳日珥和日全食的观测（后者使得人们发现太阳高层大气延伸到距离太阳表面很远的地方）使科学家们推测太阳物质可能被喷射到行星际空间。在接下来的几十年里，随着更多对太阳活动的观测与地磁活动关联起来，包括亨利·贝可勒尔（Henri Becquerel，后来因发现放射性而获得诺贝尔奖）在内的几位科学家在 1878 年提出，偶尔从太阳上抛出的东西（磁场或物质）会影响地球高层大气，产生电流，并导致地磁活动。随着 19 世纪的结束，一些有助于解决太阳-地球难题的基本物理学概念正在形成，其中包括认识到电和磁是相关联的，光是电磁辐射，以及发现了粒子辐射。英国物理学家威廉·克鲁克斯（William Crookes）在 19 世纪 80 年代发现了粒子辐射，这促使许多科学家认为这种辐射是造成地磁活动的原因，其中爱尔兰数学家菲茨杰拉德（FitzGerald）和英国科学家奥利弗·洛奇爵士（Sir Oliver Lodge）分别在 1892 年和 1900 年提出了该观点。1897 年，剑桥大学的 J.J. 汤姆森（J. J. Thomson，1856—1940 年）发现，粒子辐射是由被称为电子的亚原子粒子组成的，这一发现使他赢得了诺贝尔奖。此外，无线广播也出现了。1901 年，意大利发明家**伽利尔摩·马可尼（Guglielmo Marconi）**[①]发出了第一条跨越大西洋的无线电信息（他因此赢得了诺贝尔奖）。关于电磁辐射能够围绕弯曲的地球传播的事实启发了科学家，例如英国物理学家**奥利弗·赫维赛德（Oliver Heaviside）**[②]和爱尔兰物理学家阿瑟·肯内利（Arthur Kennelly，1861—1939 年）推测是高层大气中的一层导电的气体反射了马可尼的无线电波。该理论与高层大气中的电流与极光相关这一观点

① 伽利尔摩·马可尼（Guglielmo Marconi，1874—1937 年），意大利电气工程师，发明家。他是最早认识到无线电波可以用来通信的人之一，也是第一个发送跨洋无线电信息的人。他在 1932 年研制出了第一台微波接收器，开启了雷达的发展史。

② 奥利弗·赫维赛德（Oliver Heaviside，1850—1925 年），英国物理学家、电气工程师。他通过发展电感、电容和阻抗的概念，为人们理解电路做出了开创性的贡献。他使用矢量微积分符号重写了麦克斯韦方程组中的电和磁的方程，其方程沿用至今。

相符合。高层大气中导电层的存在很快地通过实验被英国物理学家**爱德华·阿普尔顿（Edward Appleton）**[①]验证（他因该工作而获得诺贝尔奖）。这个与电流和极光相关的高层大气区域被命名为电离层。

电离层发现后不久（1931 年），英国地球科学家悉尼·查普曼（Sydney Chapman）和他的学生文森索·费拉罗（Vincenzo Ferraro）发表了一篇论文，指出来自太阳的粒子流撞击地球会导致磁暴。二十年后，德国天文学家**路德维希·比尔曼（Ludwig Biermann）**[②]提出太阳不断释放气体（现在称为太阳风），以此解释观测到的彗尾总是指向远离太阳方向的现象。大约在这个时候，瑞典物理学家**汉内斯·阿尔文（Hannes Alfvèn）**[③]提出了磁化等离子体运动导致的电磁波动的存在。这些波现在被称为阿尔文波，解释了能量和动量如何在等离子体（如太阳风）中传播（阿尔文在 1972 年因这项工作获得诺贝尔奖）。来自芝加哥大学的尤金·帕克（Eugene Parker，1927—2022 年）随后发展了太阳风理论用以解释太阳大气如何携带着太阳磁场不断膨胀到行星际空间。1961 年，伦敦帝国理工学院的詹姆士·邓吉（James Dungey，1923—2015 年）将这些想法结合起来，提出太阳风的磁场（称为行星际磁场）可以与地球磁层连接或合并，并将太阳风的能量和动量直接耦合到地球的磁层中。澳大利亚太阳物理学家罗纳德·乔瓦内利（Ronald Giovanelli，1915—1984 年）在邓吉理论提出的十年前提出了磁场合并或重新连接的概念，试图用来解释点亮了太阳耀斑（例如卡林顿在 1859 年观测到的）的能量来自哪里。上述想法将在之后 40 年（译者注：现在已经约 60 年了）的“太空时代”进行检验，届时卫星可以被直接送入太空以观测那里的情况。1957 年发射的人造卫星斯普特尼克（Sputnik）使人类开始迎来了太空时代的曙光，不仅使我们对太空中的事物有了了解，还促进了我们今天习以为常的全球通信和地球观测的技术革命。随着卫星以及有线电视、全球定位系统（GPS）和大陆电网系统的问世，我们开始进入了一个太空扰动会影响我们日常生活的时代。

---

① 爱德华·维克多·阿普尔顿（Edward Victor Appleton, 1892—1965 年），大气物理学家，于第二次世界大战期间在雷达的发展中发挥了重要作用。1941 年，他因在验证地球电离层方面的贡献而被授予爵士爵位。

② 路德维希·比尔曼（Ludwig Biermann, 1907—1986 年），德国天体物理学家，对理解恒星内部以及磁化等离子体在太阳系和银河系中的作用做出了重要贡献。

③ 汉内斯·阿尔文（Hannes Alfvèn, 1908—1995 年），瑞典空间物理学家，通过发现磁流体波，创立了等离子体物理学中被称为磁流体动力学的子领域。为表达对他的敬意，这些磁流体波现在被称为阿尔文波。

1.4　太空天气对社会的影响

目前有 500 多颗运营卫星绕地球飞行（译者注：现在已经有几千颗在轨卫星，而且该数量正在快速增加）。其中许多是商业通信卫星，提供全球新闻电视覆盖、电话连接和信用卡交易（当你下次访问一个可以在加油机上直接用信用卡付费的加油站时，看看加油站的屋顶，你可能会看到一个碟形卫星天线，它可以几乎实时地将你的信用卡信息传送到银行，用以验证你的信用额度）。政府运营着许多其他类型的卫星，以提供天气图像、导航信号、土地利用信息和军事监视等服务。所有这些卫星都容易因为受到恶劣空间环境的影响而损坏和退化。

许多其他系统，包括机组人员和乘客、管道和电网，也容易受到太空天气的影响。虽然自 19 世纪中叶第一条电报线路开通以来，就观察到了太空天气的影响，但直到 20 世纪末 21 世纪初，科学家们才开始认真研究这个问题。人们对太空天气产生兴趣主要是由于商业卫星通信业的快速增长以及大规模的电力和通信网络的发展。随着这些发展，我们日渐依赖的高科技信息系统和日益增强的全球互联越来越容易受到太空天气风暴的影响。本书描述了太空天气的成因、效应以及对社会的影响。随着时间的推移，太空天气学将在我们的日常生活中发挥更大的作用。也许在不远的将来，报纸将刊登天气预报和太空天气预报，以帮助你制定下一次访问太空轨道上的希尔顿酒店的计划，或前往月球宁静海的新度假胜地，参观阿波罗 11 号登月地点（译者注：还可前往我国的“嫦娥”和“玉兔”的着陆点）。

1.5　补 充 材 料

“测量一切可测之物，并把不可测的变为可测。”

——伽利略

要对包括太阳环境和地球高层大气的大自然有物理上的理解，必须了解一些重要的物理概念。这其中包括能量和力，它们是物理学的核心，有助于我们理解我们周围世界的相互联系和因果关系。

除了理解这些物理学的基本概念外，学习物理语言以传达被观测量的价值也很重要。人们可以使用“快”“慢”“重”“轻”等定性的词语作为描述词。但要真正理解一个物体，你需要定量地知道它的速度或质量。世界各地的科学家使用一套专用的单位，称为国际单位制（Système International d'Unites, SI），这使他们能够轻松地沟通。在美国，虽然公众仍然使用英制单位，如码、磅和秒，但也可能知道SI并称其为MKS（meters-kilograms-seconds，米-千克-秒）单位制。SI（或公制）系统的一个优点是它是一个十进制系统（所有单位均可以被10整除）。此外，长度、质量和时间等基本单位①之间存在物理关系。在SI系统中，它们以米、千克和秒为单位。它们之间的关系涉及一定量的水和一个摆动的钟摆（尽管后者只是一个近似，并且米和秒的定义的历史很长且充满了曲折）：在标准温度和压强（通常是室温、常压条件）下，$1cm^3$水的质量正好等于1g；1m长的钟摆的摆动周期的一半时间几乎正好是1s。到了今天，一秒钟的定义是通过计算铯原子的振荡得到的，而不是用一个摆动的钟摆来定义了。原子钟的发展使得包括卫星导航在内的各种技术成为可能。这项技术的开发者罗伊J. 加卢伯（Roy J. Galuber）、约翰·霍尔（John Hall）和西奥多·W. 汉施（Theodor W. Hansch）被授予2005年诺贝尔物理学奖。

1.5.1 SI单位

距离的基本单位是米(略长于一码)。分母可被十整除的米的分数被赋予前缀，如分（deci, 1/10）、厘（centi, 1/100）或毫（milli, 1/1000）。对于与地球表面相关的距离，通常使用千米（km）。这种命名法被用于几乎所有单位，所以你可以使用克或千克或毫克。我们通常以小时、分和秒来测量时间。因此，在使用时间时，请务必确保使用同一种类型的时间单位（年、天、小时、分钟或秒），而不是将它们混合在一起。

物理学中的所有其他基本参数（如速度、加速度、力和能量）都可用SI制的基本单位的组合来表示。例如，速度（当提到速度的大小时更准确的表达是速率）是通过用距离除以时间（$v=d/t$）得到。因此，速度单位是距离单位（m）除以时间单位（s），即米/秒（m/s）。附录B中提供了SI单位和其等效的基本单位的实用列表。本书中使用的另外两个基本单位是电荷的单位（SI中的库仑）和温度的单位（SI中的开尔文）。

例：如果日冕物质抛射（CME）从太阳到达地球需要三天时间，请计算抛射物的平均速度？

① 通常将四个单位（长度、质量、时间和电荷）视为基本单位。几乎所有其他单位都可以用这些基本单位来表示，因此其他单位被称为“派生单位”。

解:

$$
\begin{aligned}
\text{平均速度} &= \frac{\text{距离}}{\text{时间}} \\
&= \frac{\text{太阳和地球之间的距离}}{3\text{d}} \\
&= \frac{150\ 000\ 000\text{km}}{3\text{d}} \\
&= \frac{150\ 000\ 000\text{km}}{3\text{d} \times 24\text{h} / \text{d}} \\
&\approx 2\ 000\ 000\text{km/h}
\end{aligned}
$$

请注意，上式通过将天数乘以每天的小时数将单位天转换为小时（h）。

1.5.2 科学计数法

我们经常测量非常大或非常小的事物。例如，太阳和地球之间的平均距离约为 1.5 亿 km。科学家经常采用两种方法使得大数字或小数字更容易管理。第一种方法是定义一个新单位。就地球和太阳之间的距离而言，我们将此距离定义为 1 个天文单位（AU）（1 AU = 150 000 000 km）。这个单位常用于描述行星之间的距离（如火星与太阳的距离是 1.5AU，木星的是 5AU 等）。

另一种容易处理大数字或小数的方法是使用科学计数法。这是一种使用指数书写 10 的倍数的方法。它是只跟踪小数点右侧或左侧所有位数的一种方法。例如，1000 可以写成 1×10^3，15 万 km 可以写成 1.5×10^8m。对于小于 1 的数字，指数为负值（即 $1/1000 = 0.001 = 1\times10^{-3}$）。使科学计数法有用的原因（除了提供一个更紧凑的方式书写大小数字之外）是它使得乘法和除法像加法和减法一样简单。要将以科学计数法书写的数字相乘，则将所有指数加在一起。例如，$10^4\times10^4 = 10^{4+4} = 10^8$。对于除法只需指数相减（$10^4\div10^6 = 10^{4-6} = 10^{-2}$）。

例：太阳半径为 7×10^5km。地球半径约为 7×10^3km。至少需要多少个地球相接才能沿直径横穿太阳表面？

解：可以通过计算一个太阳半径相当于多少个地球半径来得到。

$$x \times r_{\text{地球}} = R_{\text{太阳}}$$

$$x = \frac{R_{\text{太阳}}}{r_{\text{地球}}} = \frac{7\times10^5\,\text{km}}{7\times10^3\,\text{km}} = \frac{7}{7}\times10^{5-3} = 1\times10^2$$

因此需要 1×10^2（即 100）个地球才能横穿太阳。

1.6　问题与思考

1. 你最近用过卫星吗？想想你是如何使用来自卫星的信息或利用卫星获取信息的，并写一个简短的段落来描述这种使用。

2. 将地球磁层与太阳风隔开的边界叫什么名字？你如何判断越过了这个边界？

3. 一家卫星电视公司花费 4 亿美元（这在 2004 年是一个典型的成本）来建造和发射一颗通信卫星。如果卫星的预期寿命为 6 年，每个用户每月支付 30 美元公司才能实现收支平衡，则必须吸引多少卫星电视用户？（2004 年，DirectTV 公司拥有超过 1300 万客户。根据你的计算，该卫星电视公司能否盈利？）

4. 太阳与地球之间的距离是多少个太阳半径？是多少个地球半径？

5. 一团太阳风在 400 km/s 的速率下需要多长时间（在几天内）从太阳到达各个行星？（各个行星与太阳距离：水星，0.4 AU；金星，0.7 AU；地球，1.0 AU；火星，1.5 AU；木星，5 AU；土星，10 AU；天王星，20 AU；海王星，30 AU；冥王星，40 AU）。

6. 开发新的观测仪器会如何帮助我们了解自然界？

第二章　多变的太阳

黑子在太阳表面并非静止不动，而似乎随太阳规律地运动着。

——伽利略（Galileo）在1613年写给马克·韦尔泽（Mark Welser）的信中如是说。这些关于太阳黑子的信件（被称为“*Sunspot Letters*”）是最早关于太阳黑子的科学讨论的书面资料之一。斯蒂尔曼·德雷克（Stillman Drake）在1957年出版的《锚书》（*Anchor Books*）书中对伽利略的观点和发现做了翻译和介绍。

2.1　关 键 概 念

- 电磁辐射（electromagnetic radiation）
- 热传递（heat transfer）
- 标准太阳模型（Standard Solar Model）
- 太阳大气（solar atmosphere）
- 太阳活动周期（solar cycle）

2.2　导　　言

自人类诞生以来，太阳就是人们崇拜、获得灵感和研究的对象，而关于太阳动力学的庞大谜团，现今仍然吸引着太阳天文学家和空间物理学家的注意力。这些未知的谜团对人类有着深远的意义。如今，我们依靠太空进行全球通信、导航和地球观测，而与此同时太阳的活动会导致卫星和空间仪器的退化和故障，因此理解太阳动力学是理解太空天气的关键所在。本章主要介绍目前人们对太阳的了解以及人们是如何去了解它的。本章的许多内容来自于人们对太阳的观测，也有许多内容是在定量模型中应用物理（例如热力学和原子物理）定律预测得到的。这使得我们不必到达那里或对其进行直接观测，就能够了解太阳内部核心中发生了什么。这种观测和物理学相结合的方法使我们比人类历史上任何时候都更了解我们的自然环境。但我们对万物的运行还知之甚少，尽管目前我们所掌握的知识（以及我们是如何掌握它们的）已经确实够令人惊异了。

通过对银河系和其他星系的研究，人们推断我们的太阳只是银河系中大约1000亿颗恒星中的一颗。通过研究附近行星的特性以及陨石的年龄，人们发现太阳是一颗典型的恒星，形成于大约45亿年前。通过观测太阳在银河系中的形成位置，可以发现太阳是由一团巨大的气体和尘埃组成的星云形成的。星云中的某一块区域比周围区域含有更多的物质，而引力作用会将周围物质汇聚到一起，这是一个可自我持续的过程，称为吸积（accretion）。通过吸积过程，“原始太阳”（“proto-Sun”，希腊语中proto的意思是原始的）会变得越来越大，而质量的不断增大使得它的引力作用也在不断增强，进而吸取到了更多的物质。因此气体和尘埃被集中到“原始太阳”中，而引力作用又使得这些物质越来越集中，密度（给定体积内的质量）也变得越来越大。根据理想气体定律（ideal gas law，该定律可以描述为 $P=nkT$，其中 P 为压强，n 为数密度，k 为**玻尔兹曼常量**[①]，T 为温度），气体的压强取决于密度，因此“原始太阳”中的压力也变得越来越大。随着越来越多的物质被吸积进入“原始太阳”中，它的密度和温度持续变大直到达到热核聚变的临界温度（约 1.5×10^7 K），此时太阳便诞生了。当这种吸积的引力和气体向外膨胀的压力达到平衡时（流体静力学平衡，hydrostatic equilibrium，详细介绍见第五章），恒星就开始变得稳定。太阳的能量来自于其核心中的热核反应，该反应使得质子聚合形成氦核。在这个过程中，能量得到了释放，而其中一些能量最终会到达太阳表面并以**电磁辐射**的形式传播到太空中。

由于太阳表面和其内部的超高温度，气体被电离。当电子被剥离时，原子或分子被电离，原子或分子就带净正电荷，带电粒子会受到电场和磁场力的作用。另外，移动的带电粒子会形成电流，反过来又产生磁场。因此，电离气体在太阳中的运动，就会产生一个强磁场。这个剧烈变化的太阳磁场会影响从太阳表面释放出能量的大小。这些移动的带电粒子和它们产生的磁场，使太阳成为了一颗动态多变的恒星。本章探讨人们目前了解到的太阳的结构和引起太阳动态变化的过程。

在讨论太阳大气之前，我们先介绍几个重要的物理概念，以帮助解释太阳的结构。

---

① 玻尔兹曼常量（Boltzmann constant）是为了纪念路德维希·玻尔兹曼（Ludwig Boltzmann，1844—1906年）而命名的。路德维希·玻尔兹曼是一位奥地利物理学家，对热力学、电学、磁学的发展都做出了巨大贡献，他对气体动力学理论的深刻见解奠定了统计物理学的基础。他计算得到了一个分子平均总能量和它的温度之间的关系，其中存在一个常量 k，这个常量被称为玻尔兹曼常量（$k=1.38066\times10^{-23}$ J/K）。

2.3 温度和热量

固体、气体或液体的温度（temperature）描述了组成该物质的原子或分子的热运动。热物质中的原子或分子有着较大的热速度，而冷物质中的原子或分子的热速度则相对较小。低温气体或液体中的分子移动缓慢，而高温气体或液体中的分子移动速度大。如果将一个茶包（或一滴食用色素）放入一杯热水中，而将另外一个茶包（或一滴食用色素）放入一杯冷水中，那么两个杯子中的茶（或食用色素）哪一个会扩散得更快呢？这意味着杯子中单个水分子的运动如何？

当温度不同的两个物体相互接触时，两个物体的温度都会发生变化。热的物体会变冷，而冷的物体会变热，直到它们温度相等，达到热平衡。我们把热物体向冷物体传递的能量称为热量（heat）。热量的单位即为能量单位（国际单位制中的焦耳，J）。热量从一个地方到另一个地方的传递过程，不仅驱动了地球天气的变化，同时也是太空天气的一个基本过程。

2.4 辐射和对流

热传递(heat transfer)有三种形式：热传导(conduction)、热对流(convection)、热辐射（radiation）。热传导是在没有流体运动的情况下的热量传递。两个固体接触时发生的热量传递即为热传导。例如一些电炉是将热量从电阻丝直接传到金属煎锅，从而加热了煎锅，这个过程就是热传导。

热对流是流体中传递热量的过程。流体是一切可流动物质的通称，包括气体。一个热对流的例子：一壶沸水中的热量是如何传递的？壶底部的水会上升，因为底部的水首先被加热从而密度变得更低。如果你仔细观察，会看到热水的对流气泡在水壶的中心上升，而在水壶边缘处下降。

热辐射是通过电磁辐射传递热量的。当阳光被地球吸收，太阳便加热了地表。地球及其大气层对阳光的大量吸收决定了地球的温度。

太阳内核中的热量转移到外太空的过程是通过热对流和热辐射实现的。太阳内核中的热量以电磁辐射的形式转移到太阳表面。在太阳内部的某一点，流体可以有效地通过对流传递热量。气体从下面受热，先上升到表面，然后向外太空释放辐射（热量），之后冷却并下沉。

2.5　太阳的结构

我们可以对太阳的表面和大气进行直接观测。研究这些区域的主要方法是在太阳光谱中分析吸收谱线。通过研究这些吸收谱线，我们可以在比较高的精度上了解太阳的成分。表 2.1 列出了太阳中 5 种常见的元素及其相对丰度。目前来看丰度最高的元素是氢，其次是氦。在**标准太阳模型（Standard Solar Model）**中，表 2.1 中的元素丰度在整个太阳中（除了日核之外，因为日核中的热核反应不断改变着组成成分）都是具有代表性的。太阳含有地球上和元素周期表中所有的自然元素。实际上，除了氢和氦，地球上的（包括人体中的）基本上所有元素都来源于一颗早已死亡的恒星，正是这颗死亡恒星的残骸造就了原始太阳的星云。

太阳含有 1.9×10^{30} kg 的物质，这超过了太阳系总质量的 99%。太阳质量相当于地球质量的约 30 万倍。图 2.1 展示了太阳的主要结构。表 2.2 展示了太阳的部分物理特征。

表 2.1　太阳中的 5 种常见的元素

元素	符号	相对丰度
氢	H	92.1%
氦	He	7.8%
氧	O	0.061%
碳	C	0.030%
氮	N	0.084%

译者注：数据来自光球层观测，且随着测量技术的提高不断更新，最新数据可参考 Asplund 等（2009）。

表 2.2　太阳的基本特征参数

物理参量	数值
半径	696 000 km
质量	1.9×10^{30} kg
平均密度	1410kg/m^3
日地距离	150 000 000 km （即 1AU）
表面温度	5800 K
光度	3.86×10^{26} W

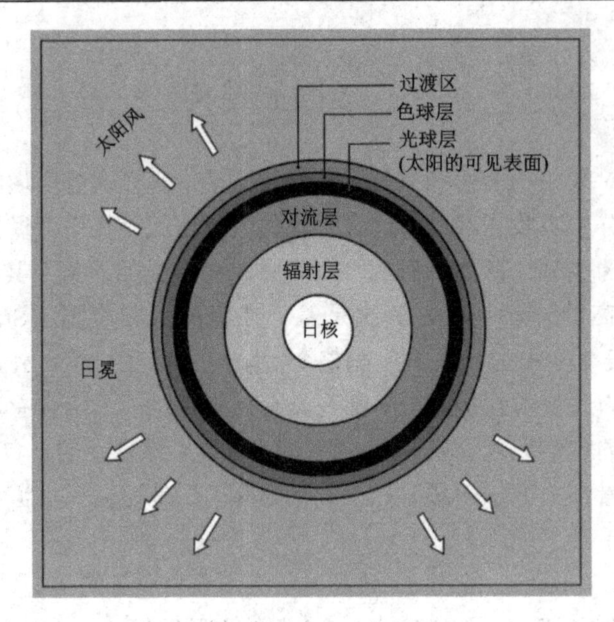

图 2.1　太阳的主要结构

太阳内部的各个区域是根据能量从核心传递到表面的方式来划分的。太阳大气的区域结构是根据密度和温度来划分的

2.5.1　太阳内部

太阳内部由外及内被划分为 3 个主要区域：对流层（convection zone）、辐射层（radiation zone）和日核（core）。接下来将分别介绍这些区域。

对流层和辐射层

在光球层之下，从太阳的可见表面一直向下延伸大约 200 000 km 的区域就是对流层。对流层充斥着对流运动（热气体上升，冷气体下沉），这个过程类似于一锅沸水。对流过程是通过流体的运动来传递热量。来自太阳辐射层的能量通过对流被传输到太阳表面，进而从表面向外传输到太空中。在对流层之下即是辐射层，能量主要通过电磁光子传输。对流层开始于辐射的能通量高到不能轻易地穿过气体的地方（译者注：实际情况是太阳外壳的温度不足以电离全部氢，而中性氢原子对辐射的强吸收使得辐射过程不能进行），此处只能通过太阳物质的对流运动来传输能量。

但是我们如何知道太阳内部发生了什么？正如前面所提到的，人们基于之前对太阳内部发生的物理过程的了解开发出了一种太阳模型——标准太阳模型，并将该模型与太阳表面起伏运动的观测结果（包括对太阳表面的直接观测）相比较。太阳表面的径向运动或振荡是通过观测光球层和色球层中气体谱线的**多普勒（Doppler）**[①]位移的周期性变化得到的。在朝观测者移动的气体中观测到的光谱频率（或光的颜色）出现“蓝移”，而在远离观测者的气体中观测到“红移”（详情见 2.7 节补充材料）。太阳表面的运动是由来自太阳内部的声波引起的，太阳的不同区域折射（弯曲）或反射这些声波，并将声波的运动限制在特定的区域。观察者可以从这些振荡的行为（频率）推断出太阳内部的温度和密度结构。这个方法类似于人们利用地震波来推断地球内部结构的方法，由于这种相似性，利用声波来研究太阳内部的科学领域被称为日震学（helioseismology）。

日核

热核反应发生在直径约 200 000 km 的日核（core）中。这些反应每秒钟释放出大量的能量，维持着太阳的内部动力。我们可以在地球大气层上方垂直于太阳射线的地方放置一个设备（例如太阳能电池）并测量每平方米每秒钟截获了多少能量，以此来计算太阳的总能量输出。这个能量参数被称为太阳常数，约为 1400 W/m^2。一所位于加州的普通住宅所用的电功率[②]是 1600 W，所以只要获得 1 m^2 多一点的太阳能量就可以为一个普通家庭提供电能。

既然我们知道了每秒钟有多少太阳能从地球大气层上方 1 m^2 的地方通过，我们就可以计算出太阳每秒释放的总能量。这个量就叫太阳的光度，它的单位是瓦特（W）。假设太阳均匀地向四面八方辐射能量，我们可以想象：地球大气上方 1 m^2 的面积内所截获的能量，与一个以太阳为中心、半径为日地距离的假想球体的表面上任意平方米的面积所截获的能量是相等的。现在我们要做的就是把覆盖球面的所有平方米加起来（即球的表面积），已知球的表面积公式为 $4\pi r^2$。因此，太阳每秒释放的总能量就约等于太阳常数乘以上述假想球体的表面积，为 1400 W/m$^2 \times 4\pi$（1 AU）^{2}，大约是 3.86×10^{26} W。尽管太阳的光度可以代表我们在天空中看到的其他恒星的光度值，但是太阳却显得更大更亮，这是因为相对于其他邻近的恒星来说，太阳离我们更近。从光度的角度来看，太阳一秒钟所释

---

① 克里斯蒂安·安德烈亚斯·多普勒（Christian Andreas Doppler, 1803—1853 年），奥地利物理学家，他发现了声波的观测频率取决于声源和观察者的相对速度。这个理论被称为多普勒效应，也适用于电磁波（比如光波），并且它可以应用于太阳表面径向速度的遥测。

② 住宅用电是以千瓦时（kW·h）来计量和计费的。一个典型的加州家庭平均用电功率为 1600 W。当然，并不是所有来自太阳的能量都能穿过地球的大气层，其中一些能量会被大气和云层吸收或反射，所以平均只有 30%—50%的能量会到达地球表面。

放出的能量，相当于整个地球以目前的释能速度在 900 000 年内产生的能量。或者换个说法，太阳每秒钟释放的能量相当于 1000 亿个百万吨级的原子弹的能量。显然，地球上没有什么东西能与太阳每秒钟产生的巨大能量相提并论。

直到 20 世纪一直困扰科学家们的问题是：太阳的巨大能量从何而来？对人类理解太阳能量来源问题做出最大贡献之一的是**爱因斯坦（Albert Einstein）**[①]的著名方程：$E=mc^2$。这个方程告诉我们：能量 E 等于质量 m 乘以光速 c 的平方；或者从物理意义上说，质量和能量是密切相关的。光速是一个非常大的值（3×10^8 m/s），那么光速的平方就更大了。因此，即使一个很小质量的物体也会具有很大的能量。爱因斯坦这个简单的公式促使了核聚变概念的产生，目前这是唯一能解释产生太阳释放的这种巨大能量的机制。在这个过程中，轻核会聚变成重核。日核的高温将电子和原子核（主要是氢原子）剥离开来，这样日核中就有快速移动的质子（或氢原子核）。两个质子偶尔发生碰撞，从而触发一个被称为质子-质子链的过程，最终形成一个氦核。氦原子包含 2 个质子和 2 个中子，因此它的原子质量是 4。它是由 4 个质子融合而成的。但是，如果你将 4 个质子的质量和一个氦核的质量做比较，你会发现存在一些差别。氦核会稍微轻一些。那么丢失的质量去了哪里呢？显然，根据爱因斯坦的质能方程（$E=mc^2$），这些丢失的质量变成了能量。这个质量差约为 0.0477×10^{-27} kg，尽管不是很多，但它等价的能量为 4.3×10^{-12} J。因此，1 kg 氢发生聚变（将其质量的极小部分转化为能量）可以产生 6.4×10^{14} J 的能量（以目前的水平，地球产生如此之大的能量需要 1600 年的时间，由此可以看到核聚变解决人类能源需求的广阔前景）。维持太阳目前的亮度所需要的能量，是每秒钟 6 亿吨氢转化为氦所产生的能量。这是一个很大的质量，但对太阳来说却微不足道。核聚变产生的能量会以伽马射线的形式（电磁辐射中最高的能量形式）释放出来。当伽马光子穿越太阳时，与太阳中的物质相互碰撞、被吸收并重新释放，最终会失去能量，并以可见光的形式离开光球层。少量的能量会被中微子[聚变过程的副产物；这个名称来自意大利语，意思是微小的中性离子（little neutral one）]带走。这些亚原子粒子（sub-atomic particles）以光速运动，在没有任何相互作用的情况下有效地逃离了太阳。中微子的相互作用非常微弱，以至于它们会不被阻拦地穿过地球甚至人类的身体（它们甚至还能够穿过数光年厚度的铅）。然而，目前人们已经开发出了灵敏的仪器，可以探测到被地球拦截的一小部分中微子。这些测量有助于增进我们对日核中发生的过程的理解。

---

① 阿尔伯特·爱因斯坦（Albert Einstein，1879—1955 年），德裔美籍诺贝尔物理学奖获得者，他的研究成果彻底改变了人们对能量和物质的理解。

2.5.2　太阳大气

光球层

太阳的可见表面——光球层（photosphere，photo 来自希腊语，意为“光”）——对可见光是不透明的，因此我们能看到锐利的边缘。然而，由于太阳是由气体组成的，因此它没有固体表面。

大约在 1609 年，伽利略首次对太阳的可见表面进行了系统的观测。图 1.3 是伽利略绘制的太阳表面图，图中太阳含有黑子（黑子的数量在 11 年的太阳周期内盈亏交替）。现在人们知道这些太阳黑子是强磁场存在的区域。太阳黑子看起来比周围的太阳表面更暗，因为它的温度略低（通常为 4500 K，而周围光球层的温度为 5800 K）。黑子的直径通常约为 10 000 km（可与地球大小比拟），并且可以持续存在数周。伽利略用太阳黑子来估计太阳的自转速率。太阳自转一周大约需要一个月。在伽利略首次发现太阳自转的 250 年之后，理查德·卡林顿（Richard Carrington）利用太阳黑子来确定太阳的较差自转（differential rotation，即太阳的不同纬度的转动速度是不同的）。赤道的旋转周期为 25 天，这比极区的旋转速率大，极区的自转周期是 36 天。从地球上观察，其平均自转周期是 27 天。

光球层的高分辨率图像（图 2.2）显示太阳的可见表面是高度斑驳的，亮暗区域交替，被称为米粒组织。颗粒化的可见表面是太阳对流过程的直接证据。亮

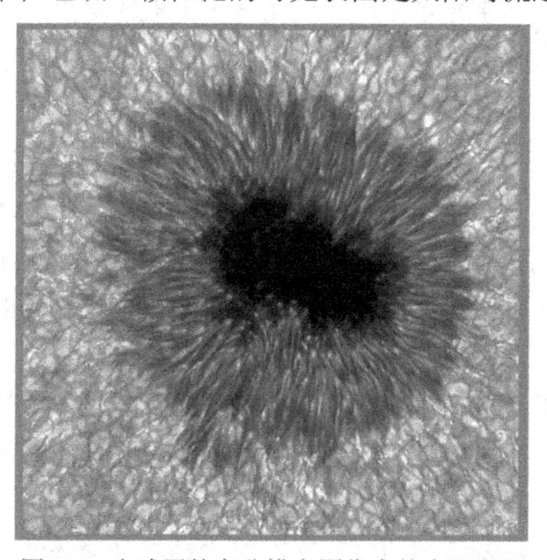

图 2.2　光球层的高分辨率图像中的太阳黑子

暗黑色的中心区域是黑子本影，周围灰色纤维的区域为黑子半影。黑子之外的块状是太阳的米粒组织，它们为对流提供了证据。[来自弗里德里希·沃格（Friedrich Woeger）、基彭霍伊尔太阳物理研究所（KIS）、克里斯·伯斯特（Chris Berst）和马克·科姆萨（Mark Komsa），以及美国国家太阳观测站（NSO）/大学天文学研究协会（AURA）/ 美国国家科学基金会（NSF）]

区显示出多普勒蓝移，表明物质上升运动；暗区显示出红移，表明物质向下运动进入太阳内部。亮区的宽度约为 1000 km（尺度大约相当于美国的得克萨斯州）。亮点出现又消失，其寿命大约为 5—10 分钟。亮区的温度通常比暗区高约 500 K。

除了这种精细尺度的米粒组织外，还有数万千米（或数个地球半径）尺度的超米粒组织。这些超米粒组织被认为是外层对流区的大尺度对流的特征。

色球层

光球层上方的区域叫做色球层（chromosphere）。色球层厚度约为 1500 km，其特征温度高于光球层（色球层温度约为 10 000 K，而光球层的温度为 5800 K）。氦元素（helium，源于希腊语中的太阳 helios）在太阳色球层中的发现要早于地球。等离子体的密度（以及发出的光的强度）随着色球层高度的增加而迅速下降。因此，色球层在光球层的明亮背景下是不可见的。然而很久以前，科学家就已经可以在日全食期间观测色球层。当月球挡住明亮的光球层时，色球层便变得可见，由于氢的 H-alpha（Hα）射线，色球层会呈现出独特的红色。Hα 射线是氢的特定电子跃迁产生的，具有独特的可见光波长。色球层是动态的，炽热的气体喷流（针状体）从表面向高处延伸出去。它们可以延伸到距太阳表面数千千米的高度，以 20—100 km/s 的速度从太阳表面喷出物质。色球层的温度与其密度成反比，因此随高度的增加，色球层的温度也迅速增大。

当我们通过一个特殊的滤光片（仅允许 Hα 波段穿过的滤光片）去观测太阳时，其丰富的结构特征变得更加明显（图 2.3）。色球网络是一种网状的结构，它在明亮的 Hα 波段成像中最容易被观测到。这些网络勾勒出上面提到的超米粒组织单元。在这些单元的边缘往往可以发现针状物（spicules）和日珥（prominence）。在 Hα 成像图中也可以看到非常窄的暗条纹和亮条纹（plages，法语中 beach 的意思）。在太阳边缘上方观察到的细丝条纹外观特征通常是环状的，称为日珥（译者注：目前研究表明，日珥其实是发生在两侧有相反极性磁场的中性线上方，这些磁结构不仅仅包含色球网络，也包括大尺度活动区的磁场；日珥的结构往往很复杂，不仅有环状日珥，也有非环状的。不论什么结构，一般认为日珥内部的精细结构可以很好地体现局部的磁场位形）。这些圆环描绘出了太阳磁场，而磁场是限制高温（因而更明亮）气体运动的因素。

在色球层之上是相对较薄的过渡区，温度随高度增加急剧升高。过渡区之上就是太阳的外层大气，称为日冕（corona，在拉丁语中是皇冠 crown 的意思）。人们在日食期间或者通过一种叫做日冕仪的特殊望远镜可以看到日冕。日冕以超音速的方式向外扩张。逃逸到行星际空间的太阳气体被称为太阳风。

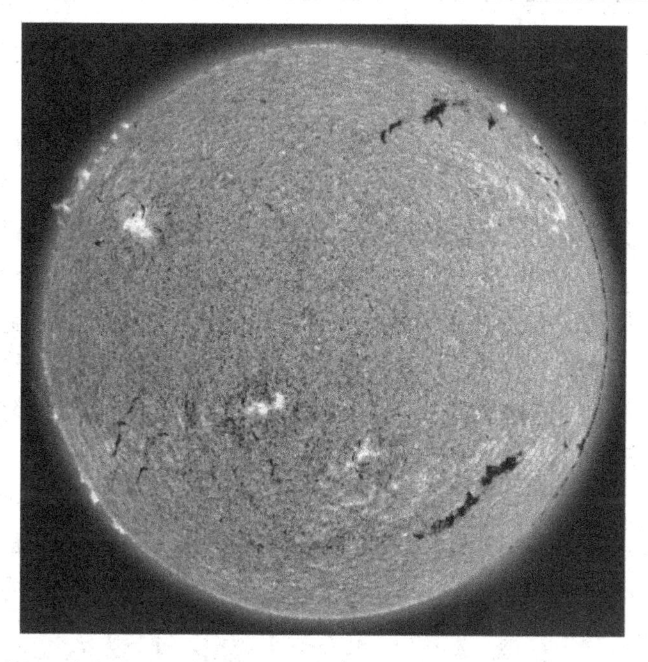

图 2.3　在 Hα 波段成像中观测的太阳［由大熊太阳天文台（Big Bear Solar Observatory 提供）］

2.6　动力学过程

2.6.1　太阳磁学

太阳磁学（solar magnetism）。利用**彼得·塞曼**[①]**（Pieter Zeeman）**在 1896 年发现的塞曼效应（Zeeman effect）可以用光谱法测定太阳各区域的磁场强度。在磁场的作用下，气体的谱线会分裂成两条或更多条线。分裂谱线的频率差取决于磁场强度。这一发现为塞曼和他以前的老师**洛伦兹（Lorentz）**[②]赢得了 1902 年的诺贝尔物理学奖，并使直接测定太阳表面磁场成为可能。用这种方法，我们发现太阳黑子区域的磁场大约是其周围正常太阳表面区域磁场的 1000 倍。此外，磁场的方向并非随机，它要么由太阳表面指向太阳内部，要么指向外部。磁场既有方向也有大小。例如，一块磁铁有 N 极和 S 极，N 极的磁场方向指向磁铁外部，而 S 极的磁场方向则从外向里指向磁铁内部。人们认为，太阳黑子的强磁场抑制了太

① 彼得·塞曼（Pieter Zeeman, 1865—1943 年），荷兰物理学家，诺贝尔奖得主，他发现了强磁场会使光谱线分裂，这被称为塞曼效应，该理论可以用于遥测太阳的磁场强度。

② 亨德里克·安东·洛伦兹（Hendrik Antoon Lorentz，1853—1928 年），荷兰物理学家，诺贝尔奖得主，发展了电磁学理论并预测了塞曼效应。

阳的正常对流，因此气体会变冷，看起来比周围环境更暗。每个太阳黑子通常有一个单一的极性（或磁场方向），黑子通常成对出现，且成对的黑子具有相反的极性。N 极（或向外的磁场）绕太阳表面形成一个环，然后进入 S 极（或向内的磁场）太阳黑子。虽然太阳黑子的轮廓常常是不规则的，但磁场的方向却非常有序。在太阳的同一个半球上，所有的黑子对都具有相同的磁场结构。具体来说，当前导黑子（leading spot，按太阳自转方向测量）为 N 极时，那么整个半球的所有前导黑子都将是 N 极。更重要的是，另一个半球所有的黑子对将有相反的方向（前导黑子具有 S 极性）。太阳场的这种排序是由于太阳的较差自转导致的。前面曾讲到，太阳在赤道的自转速度要比在两极快。如图 2.4 所示，较差自转导致了太阳整体磁场的扭曲。

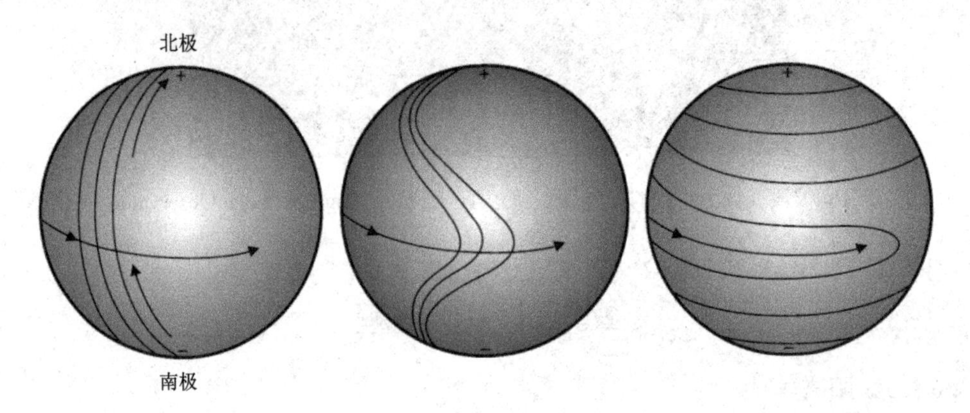

图 2.4　太阳较差自转示意图

太阳赤道的自转速度比两极的快[来自美国国家航空航天局过渡区和日冕探索卫星任务（NASA TRACE Mission）]

2.6.2　太阳活动区

很多太阳黑子对都与光球层能量的爆发性释放有关，这些爆发性释放能量的区域被简称为太阳活动区（solar active region）。虽然目前还不知道太阳表面能量释放的确切机制，但我们已经知道这与磁能迅速转化为粒子动能有关。这种转换发生在强磁场区域，表面磁场的扭曲往往会导致快速的能量释放。日珥爆发就是这种能量释放的一个例子。另一个例子是太阳耀斑，它比日珥更有活力。耀斑在几分钟内释放出巨大的能量，温度可以达数千万到 1 亿 K（甚至比太阳核心的温度还要高）。这样的能量相当于数亿兆吨氢弹在同一时间爆炸所释放的能量。这些耀斑的能量是如此之大，以至于太阳大气层的带电粒子被喷向太空时，有些粒子的速度接近光速。此外，被加热的气体基本上能够发出所有波长的光，包括 X 射线。这些高能粒子和电磁辐射被释放到行星际空间，经常会对地球的空间环境造成影响，这也是造成太空天气变化的原因之一。

2.6.3 太阳周期

太阳黑子的数量变化遵循 11 年的**太阳周期**（solar cycle）。太阳黑子与太阳活动（即耀斑和其他的能量快速释放过程，这能将局部太阳大气加热到数百万 K）有关，太阳活动周期描述了太阳活动的强度和变化。彩图 3 是日本阳光号（Yohkoh）航天器在一个 11 年的太阳周期内所拍摄的太阳 X 射线照片。每一张太阳快照都显示了 X 射线波段下太阳大气的结构。值得注意的是，X 射线发射量在一个太阳周期内时而增加，时而减少，从最活跃的时间段（太阳活动极大期）到最不活跃的时间段（太阳活动极小期）大约是 5—6 年的时间。当气体被加热到大约一百万 K 时就会产生 X 射线，X 射线是高能电磁辐射。在太阳活动极大期，太阳大气有许多地方可以放射出明亮的 X 射线；而在太阳活动极小期，太阳大气在 X 射线下的图像是黑色的，这表明在太阳活动极小期期间太阳高层大气很少被加热。值得注意的是，X 射线辐射不是来自太阳表面，而是来自光球层上方的太阳大气。

太阳活动的这种周期性循环已经持续了许多个世纪。图 2.5 展示了自 19 世纪以来人们所观测到的太阳黑子数量，当时许多观测太阳的天文台每天都能对太阳黑子进行观测。太阳黑子的数量是在不断变化的，太阳黑子的寿命一般为 1—100 天，但太阳黑子的总量的变化具有近 11 年周期。

前面提到过太阳黑子区域伴随着强磁场，黑子数量的变化表明太阳磁场也在发生变化。事实上，太阳磁场的结构和方向的变化遵循一个 22 年的周期，在此期间太阳磁场的极性会发生倒转。太阳的磁场是由太阳发电机产生和调节的，而发电机是由太阳的不同旋转速率和对流过程提供动力的。在太阳活动极小期，太阳的磁场相对简单而有序，类似于偶极磁场（磁力线从一个半球出来，然后进入另一个半球）。在接下来的 5—6 年里，当太阳接近太阳活动高峰时，这种接近偶极子的结构会慢慢消失，太阳的磁结构会变得杂乱无章且高度复杂。太阳活动极大期过后，在接下来的 5—6 年里，磁场再次变得有组织和偶极化。在这种转变的早期，弱偶极场相对于太阳自转轴的倾斜度可能是非常大的，但随着太阳活动极小期的临近，偶极轴的方向会逐渐变得与自转轴对齐。当偶极场被重组时，它的极性与之前的相反。这种极性的变化被定义为太阳的 22 年磁周期，有时被称为双太阳周期（double solar cycle）或海尔（**Hale**）[①]周期。太阳黑子对的极性也遵循这个周期。在磁周期的前 11 年里，某个半球的前导黑子总是具有相同的极性，与另一个半球的前导黑子的极性相反；而在后 11 年里，太阳黑子的极性会发生反转。

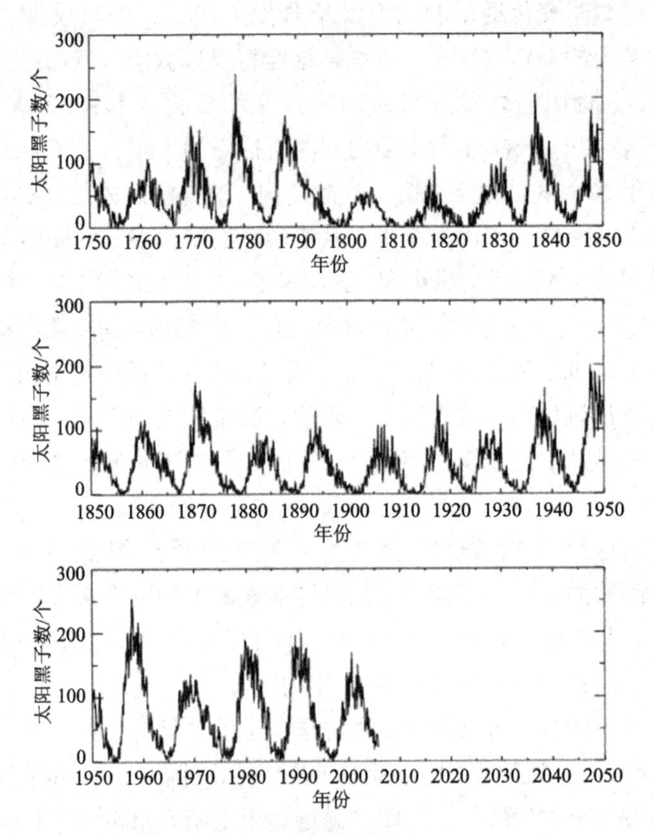

图 2.5　自 18 世纪 50 年代以来人们观测到的太阳黑子数量变化

注意太阳黑子的出现遵循一个大约 11 年的周期，这被称为太阳黑子周期（来自 NASA）

由于太阳活动的强度会遵循太阳黑子周期或太阳周期，可以预见的是，影响地球的太阳扰动的出现数量也会遵循这个周期。事实上这也是实际发生的情况。因此，太空天气是有“季节”的，在太阳活动极大期极有可能发生恶劣的太空天气事件，而太阳活动极小期往往预示着平静的太空天气。下一章将介绍太阳的外层大气——日冕和太阳风。地球位于太阳的外层大气中，因此我们的太空环境与太阳的结构和动力学密切相关。也就是说，我们生活的区域就是在

① 乔治·埃勒里·海尔（George Ellery Hale, 1868—1938 年），美国太阳天文学家，组织建立了许多天文台。

太阳的外层大气中。

2.7　补充材料——电磁波谱和辐射

2.7.1　频率和波长

自然界中的许多事物，如钟摆、海洋浮标、我们的心律以及琴弦，都以规律的方式来回或上下运动（我们称之为振荡）。一些振荡会扰动它们周围的环境并产生波，而这些扰动或波会将能量从它们的源传递到周围的环境中。例如，一架钢琴的琴弦产生的声波扰乱了周围空气的密度分布，并在弦振荡时来回推动空气。我们的耳朵对空气密度分布的波动很敏感，于是我们便听到了声音。

这些波的一个特征量是振荡之间（一个循环）相隔的时间长度。以琴弦产生的声波为例，弦来回移动所花费的时间或者一个密度扰动循环穿过我们所花费的时间被称为周期（T）。还有一个密切相关的参数为频率（frequency，f，有时也写为 v），指给定时间间隔内周期的数量（在琴弦振动的情况下，是来回振荡或循环的数量）。周期和频率的关系式为：$f=1/T$。频率的国际单位制（SI）单位是**赫兹（Hz）**[①]（相当于每秒的周期数）。

将波可视化的一种方法是将弦的位移（或运动量）作为时间的函数记录下来，换句话说，将弦的位置（沿 y 轴）作为时间（沿 x 轴）的函数画出来。图 2.6 显示了琴弦被敲击后，琴弦中间一个点的位置与时间的关系。注意，弦相对其静止

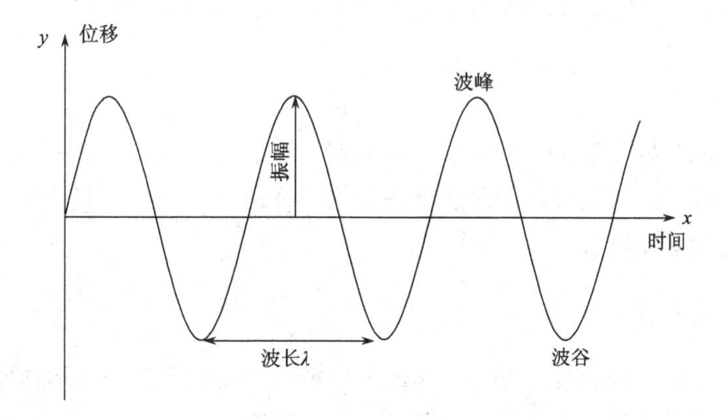

图 2.6　弦离开其静止位置的位移作为时间的函数

① 海因里希·鲁道夫·赫兹（Heinrich Rudolf Hertz，1857—1894 年），德国物理学家，他对电磁辐射的研究推动了无线电波的发现，国际单位制的频率单位就是以他的名字命名的。

时的位置上下移动，位移的量（波的强度的量度）被称为振幅。图中显示的另一个位置差是波谷（或波峰）之间的距离，被称为波长（wavelength 通常记为希腊字母 λ）。

现在让我们来研究由钢琴弦的振动或振荡产生的声波。我们不将弦的位置作为时间的函数，而是记录弦旁边一个给定点的空气密度作为时间的函数，画出来的图看起来就像弦的位置作为时间的函数。当弦向麦克风或耳朵移动时，空气被压缩因此密度上升；当弦离开麦克风时，空气变得稀薄，密度下降。空气密度变化的时间与产生它们的弦来回运动的时间完全相同。因此声波也可以用振动中空气的密度变化的周期（或频率）、波长和振幅来描述。事实上，所有的周期波都可以用完全相同的方法来描述。

回忆一下，波是远离其源的扰动。当你在水池中激起水波时，水波会从你的手的四周荡漾开去，而声波也会从钢琴弦上传播出去。那么这些波移动得有多快呢？答案取决于波传播所经过的介质的密度和温度。波在不同的介质中会以不同的速度传播（例如，声音在空气和水中传播的速度是不同的），波的速度还取决于特定材料的温度（也就是说，声波在温水中的传播速度要比在冷水中的传播速度快）。

波的频率、波长和速度之间存在一定的关系，速度等于波长乘以频率

$$v = \lambda f$$

对于光来说，速度写成 c（就像爱因斯坦著名的质能方程一样），电磁辐射的能量取决于频率（或波长）。高频电磁辐射比低频辐射具有更多的能量。这个线性关系可以写成

$$E = hf$$

其中，h 是**普朗克常量（Planck’s constant）**[①]，E 是能量。对于可见光来说，红光的频率比蓝光的频率低，因此红光携带的能量比蓝光更小。图 2.7 展示了整个电磁频谱的频率和波长。

2.7.2　多普勒效应

多普勒效应（Doppler effect）指的是由波源和观察者的相对运动而引起的观察到的波的频率发生改变的现象。例如，当一辆响着警笛的消防车驶近时，我们

① 马克斯·卡尔·恩斯特·路德维希·普朗克（Max Karl Ernst Ludwig Planck, 1858—1947 年），德国物理学家，诺贝尔物理学奖得主，他发现能量存在的基本单位为量子，这标志着量子理论发展的开端和现代物理学的创立。普朗克常量等于 6.6261×10^{-34} J/s。

听到的音调比它远离时要高。

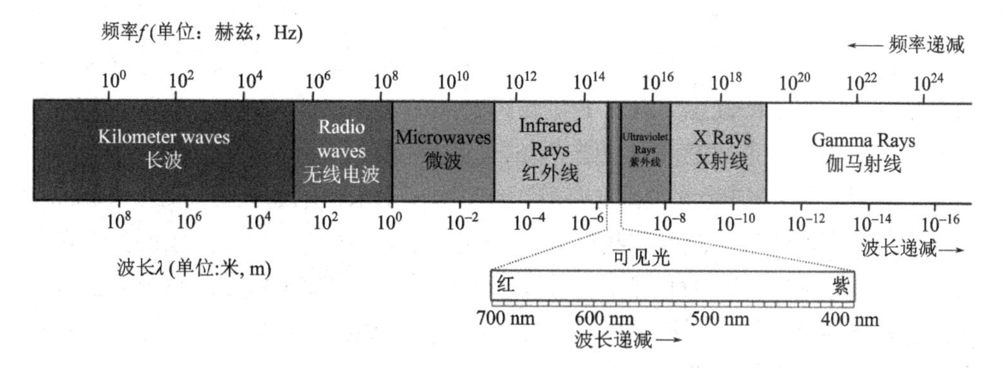

图 2.7　电磁波谱从低能到高能依次从左向右排列

这种效应只发生在朝向或远离观察者的相对运动中。沿发射器（源）和观测者的直线上的速度分量之间的关系是

$$f'=f_0\left(\frac{v\pm v_0}{v\pm v_s}\right)$$

式中，f' 为感知频率；f_0 为实际频率；v_s 是源的速度；v_0 是观察者的速度；v 是波的速度。当源和观测者相向运动时使用加号 (+)，当它们相互远离时使用减号 (–)。

2.7.3　光子和能量

光是电磁辐射的一种形式。电磁辐射的有趣之处在于它既表现为波又表现为离散的粒子。如果我们让光通过棱镜或衍射光栅，它就会以波的形式出现，并且折射过程会将光分离出彩虹的色彩。当我们把光照射在金属上，如果光的能量（或频率）足够高，电子就会被溅射出来（称为光电效应）。当光能超过阈值时所产生的光电效应证明了光具有粒子的性质（是它的频率而不是强度决定了电子是否被溅射出来）。由于电磁辐射可以像粒子一样（也就是说，它可以被认为是离散的物质，而不是连续的波），因此它被赋予了一个特殊的名字——光子（photon）。所以你可以把光看成是波或者光子，如何看待它取决于你的观察。但底线是，你应该把电磁能量看作是波或光子的能量（energy）。能量的多少取决于辐射的频率。这种现象称为光的波粒二象性，它在现代物理学形成的早期引起了许多争论，并促进了量子力学的产生。

2.7.4　黑体辐射

如果你仔细观察蜡烛的火焰，就会注意到烛芯附近有好几种颜色（靠近烛芯的地方呈蓝色，离烛芯更远的地方呈黄色和橙色）。前文中了解到的关于频率（以及颜色）的知识告诉我们，我们所看到的光的能量肯定表明火焰的不同颜色区域具有不同的温度。宇宙中的所有物质（包括你）都能发出电磁辐射，而辐射量和频率则取决于物质的温度。人类的体温接近 98.6°F（或 37℃），因此你的身体所发射出的电磁辐射主要是电磁波谱（electromagnetic spectrum）的红外频段。一些动物，比如喜爱夜间出行的蛇，它有着对红外线辐射敏感的感光器（即它的眼睛）。一根蜡烛的火焰燃烧的温度比我们身体的温度更高，因此它发出的辐射具有更高的能量（和频率），于是我们便看到了烛光发出的光。电磁辐射的量及其峰值频率取决于物体的温度，这是黑体辐射（blackbody radiation）的特性。黑体辐射有一个很容易识别的特性，即在任何频率的辐射量只取决于温度。图 2.8 展示了黑体辐射曲线，这张图显示了辐射量与波长的关系。每条曲线代表某一温度下的一个物体。可以看到，随着物体温度的升高，辐射量增加，峰值（或最大）能量的波长变短。由于波长与频率成反比，所以发射的峰值频率（以及能量）会增加。峰值波长与温度之间有一个简单的关系式，称为**维恩定律（Wein's law）**[①]：

$$\lambda_{\text{peak}} T = 2.898 \times 10^{-3}\ \text{m} \cdot \text{K}$$

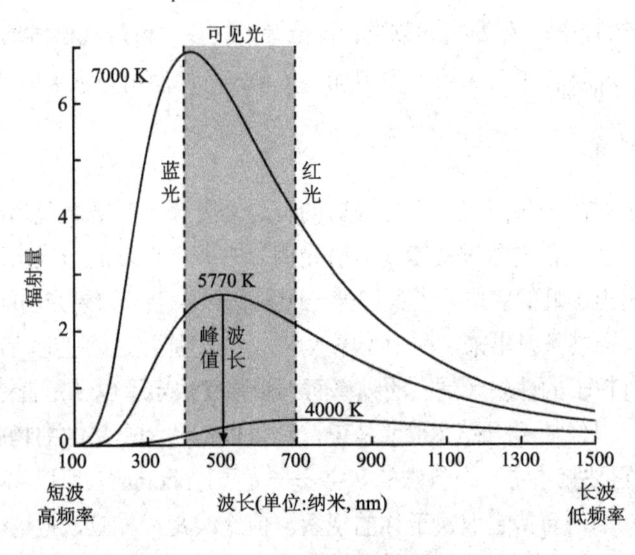

图 2.8　黑体辐射曲线

所有物体都会发射电磁辐射，其波长取决于它们的温度。随着温度的升高，黑体曲线的峰值移向更短的波长（更高的能量）。太阳发出的光谱对应于约 5770 K 的光球温度

① 威廉·卡尔·维尔纳·奥托·弗里茨·弗朗茨·维恩（Wilhelm Carl Werner Otto Fritz Franz Wein，1864—1928 年），德国物理学家，诺贝尔奖获得者，他在热力学和黑体辐射方面的工作揭示了黑体辐射的波长和温度之间的关系，这个关系式以他的名字命名，称为维恩定律。

太空科学家据此得到了太阳表面的温度。我们可以测量太阳发射的电磁辐射量作为波长的函数，然后将数据拟合到黑体曲线上，可以得到一个很好的数学解析表达式，于是我们便计算出了太阳的表面温度。天文学和空间科学利用辐射量作为频率和温度的函数来理解恒星的演化和动力学过程以及行星的温度。

2.8　问题与思考

1. 一个太阳的体积相当于多少个地球的体积？

2. 在过去的五个太阳周期中，太阳活动极大期之间的平均时间长度是多少（图 2.5）？

3. 在氢与氦的聚变过程中，1 s 有 40 亿 kg 的物质转化为能量。那么在这个过程中，每年损失的太阳质量占总质量的多少？

4. 太阳以太阳风的形式 1 s 向外排出 10 亿 kg 的物质。那么在这个过程中，每年损失的太阳质量占总质量的多少？

5. 按能量由低至高排列下列电磁波谱：（X 射线、可见光、伽马射线、无线电波、微波、紫外线、红外线）。哪个谱线的频率最高？哪个波段的波长最长？电磁辐射的哪个频率对应于 1 m 的波长？

6. 使用量纲分析（一种确保方程两边物理量纲相等的方法），写出一个比例方程来说明波长与频率之间的关系（注意：乘积等于一个常数——波的速度）。

7. 太阳表面气体的热压是多少？

8. 物体的角距大小与物体和观测者之间的距离有关。太阳是月球的400倍大。从地球上看，太阳和月球都具有相同的角距（0.5°），那么日地距离比月球离地球的距离远多少？

9. 根据维恩定律，太阳发出的电磁辐射哪个波长的最多？这个波长的电磁辐射是可见的吗？如果是，对应的是什么颜色？

10. 太阳的总光度（功率或能量/秒）是多少？地球上 1 m^2 接收到的能量是多少（这被称为太阳常数）？火星（与太阳的距离为 1.5 AU）呢？

11. 在朝向观察者以 100 km/s 的速度移动的情况下，太阳色球层的针状物在 Hα 射线下的波长偏移是多少？

第三章　日　球　层

根据定义，日球层是指太阳风以超音速流动的行星际空间区域。

—— 出自 Dessler, A. J.（1967，heliosphere（日球层）一词在科学文献中的首次使用）

3.1　关 键 概 念

- 等离子体（plasma）
- 太阳风（solar wind）
- 日球层（heliosphere）
- 行星际磁场（interplanetary magnetic field）
- 日冕物质抛射（coronal mass ejection）
- 宇宙射线（cosmic rays）

3.2　导　　言

阳光，为地球带来热量和光明。太阳的能量源源不断地流动，而光只是这些能量中的一部分。电离气体（**等离子体**）和磁场以**太阳风**的形式不断地向外发射。太阳风是在20世纪50年代被发现的，当时人们注意到彗星等离子体尾迹的方向总是朝着远离太阳的方向，即便在彗星返回深空的时候也是如此。图3.1展示了一颗典型的彗星，以及它的尾巴在其围绕太阳运转的轨道上的不同位置的示意图。彗尾 （comet tail）是由彗星物质组成的，这些物质在朝向太阳时被阳光加热，然后从彗核中逃逸出来。围绕在彗核周围，由中性和电离气体以及尘埃组成的发光云被称为彗发（coma）。彗发中的物质随后被“吹”得远离太阳。彗尾的形成不仅需要阳光，还需要以超音速流动的气体携带的能量和动量，它们来自太阳，被称为太阳风。太阳风向行星际空间扩散，在太阳周围形成了一个区域，叫做**日球层（heliosphere）**。

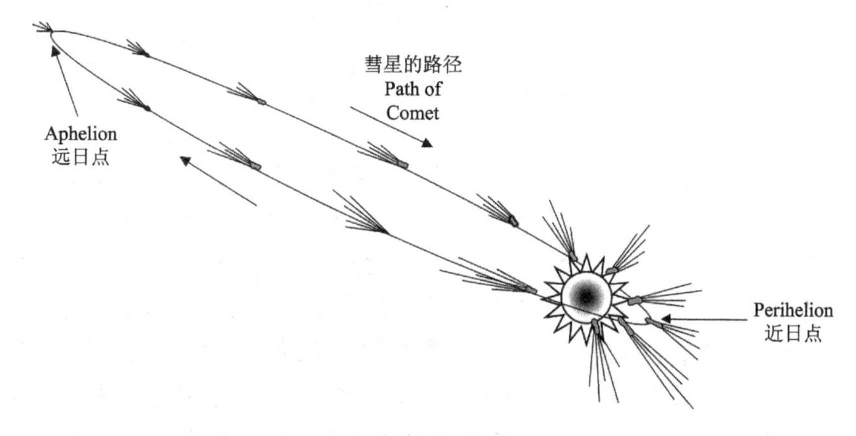

图 3.1 彗星彗尾形态示意图

当一颗彗星围绕太阳运行时，无论它是朝着还是远离太阳系中心运行，彗尾总是指向远离太阳的方向。比尔曼用这个观测结果预测了太阳风的存在，太阳风不断地被吹离太阳

3.3 日冕和太阳风

在日全食期间，月球的位置处于太阳和地球之间，我们可以看到太阳外围的光，是太阳外层大气的电子散射的阳光，这被称为日冕（corona）。日冕的分布不是球对称的，各方位并不具有同等亮度。日冕的空间结构受到太阳磁场结构的约束，赤道附近的辐射（以及等离子体）要比两极区域多。彩图 4 显示了日全食期间的日冕。光球层亮度要比日冕高一百万倍，因此只有在光球层被挡住时才能看到日冕。目前即便在没有发生日全食的时期，人们也可以使用叫做日冕仪的望远镜去观测日冕，日冕仪的原理是用遮光盘挡住了光球层的光。

一个粒子要想从日冕中摆脱太阳的引力，它的运动速度必须要比太阳的逃逸速度（618 km/s）快，并且它所在的区域要足够稀薄，使得该粒子很少与其他粒子发生碰撞。太阳的逃逸速度也就是一个粒子能够逃离太阳所应该具有的最小速度或一个使粒子不会再落回太阳的速度。日冕粒子的温度超过 1×10^6K，因此许多粒子的速度大到足以逃离太阳。

这些粒子就组成了太阳风（solar wind），等离子体主要由质子、氦核和电子组成，它们携带着太阳的磁场并以超音速远离太阳。因此，太阳风是磁化的等离子体。

3.4　行星际磁场

太阳的部分磁场被太阳风拖曳到日球层，这些被拖曳到日球层的磁场就被称为**行星际磁场**（interplanetary magnetic field，IMF）。当从赤道平面的上方或下方观察时，由于太阳的自转，行星际磁场就呈现出特有的螺旋状结构。被磁化的太阳风呈放射状向外扩展（直接远离太阳），同时拖着太阳磁场一起运动。当太阳旋转时，从太阳上方看，太阳风离开太阳表面的位置或足点（footpoint）是逆时针移动的。当相对于原足点位置越来越远离太阳时，磁场开始旋转（见图 3.2）。以希腊科学家**阿基米德**①命名，这被称为阿基米德螺旋。阿基米德首次使用数学方法描述了螺旋线，它类似于从旋转的喷头中喷出的水流。尽管每一滴或每一团水都呈放射状移动，但由于洒水器是旋转的，所以水流看起来呈曲线或螺旋状流出。

由于太阳的自转速度基本上是恒定的，所以螺旋线相对于日地连线（一条连接太阳和地球的假想线）的角度仅由太阳风的速度决定。更快的太阳风会产生更小的角度，因为在同样的时间内，它比更低速度的太阳风离开太阳的距离更远。由于太阳（表面）的磁场结构，太阳风以不同的速度离开太阳。太阳风在太阳赤道面附近的闭合场区域的出流速度，要比在太阳开放磁场区域的出流速度小一些。在日冕仪照片中，带有环形等离子体的类偶极场区域被称为封闭场区域。两极附近是开放场区域，等离子体的“射线”沿着场线流动，而不是绕回表面。在太阳的 X 射线照片中（例如彩图 3），这些开放场的区域被称为冕洞，冕洞区域较暗。这两种场区域的位置和持续时间是变化的，这意味着在地球上观测到的太阳风速度是不断变化的，最简单的表现就是高速太阳风和低速太阳风交替出现。

IMF 不仅具有阿基米德螺旋样式，在南北方向（即垂直黄道面的方向）上存在结构变化，这是因为太阳的磁赤道与自转轴不是完全垂直的。因此，在地球的合适位置观测，我们就可以看到在太阳旋转时太阳风会从太阳磁赤道的两侧交替吹来。这导致了 IMF 具有波状或摆动的结构。图 3.3 显示了 IMF 的三维结构。图中显示的表面是位于太阳磁赤道的等离子体的位置，这被称为日球层电流片（heliospheric current sheet），它两侧的 IMF 方向相反，分别为远离太阳和指向太阳。表 3.1 给出了太阳风和 IMF 的一些性质。

---

① 阿基米德（Archimedes，约公元前 287—前 212 年），希腊数学家和科学家，因在流体静力学和力学方面的发现而受到赞誉。最著名的科学成果是他的阿基米德原理，该原理指出：物体在液体中受到的浮力，等于其排开的液体所受的重力。

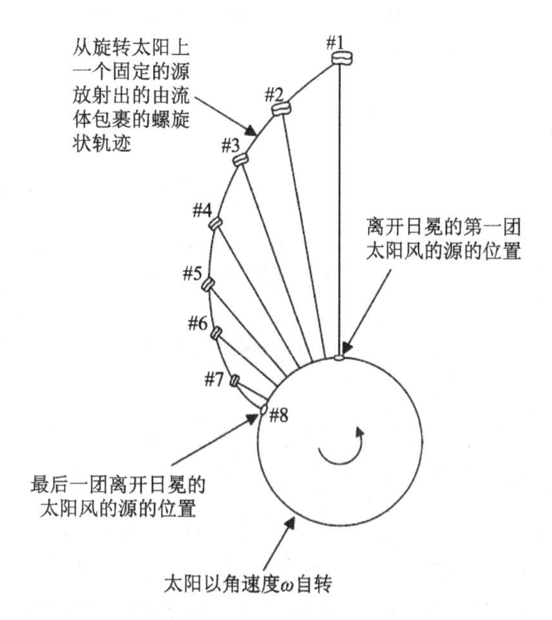

图 3.2 由于太阳的自转，它的磁场形成的阿基米德螺旋线

图中显示了 8 个太阳风流体团的位置，它们的源固定在旋转的太阳上，并以恒定的速度被向外发射出来（Kivelson and Russell, 1995）

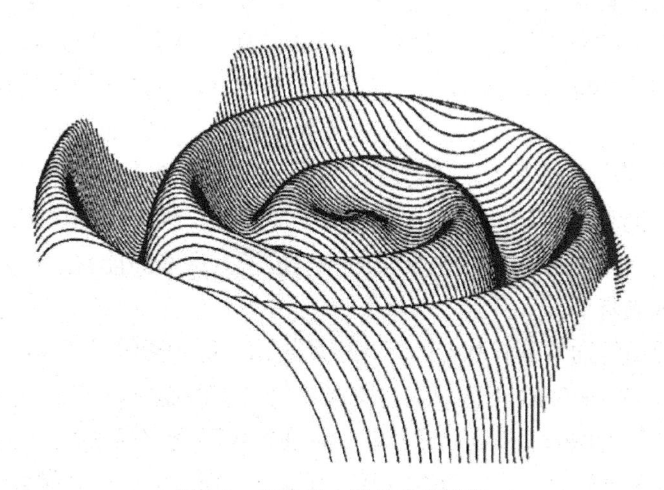

图 3.3 日球层电流片的透视图

显示了由于太阳的磁轴相对于它的自转轴有所倾斜，从而引起了行星际磁场的波浪状结构（Jokipii and Thomas, 1981）

表 3.1　在 1AU 处，太阳风和行星际磁场的平均特征参数

物理参量	数值
数密度	5 个粒子/cm^3
温度	1 000 000 K
速度	400 km/s
成分	90% H、8% He、微量的其他重离子
行星际磁场的强度	10 nT

译者注：一般文献为约 96% H、约 4%He、微量的其他重离子

3.5　日冕物质抛射

太阳磁场的运动和结构使日冕不断地变化。有时候，太阳磁场结构的形变会导致很大一部分日冕物质离开太阳，进入日球层。这些**日冕物质抛射**（coronal mass ejection，CME）是 20 世纪 80 年代（译者注：其实是 20 世纪 70 年代）。从首个天基日冕仪的图像中发现的。日冕物质抛射是一种大型磁结构，可能包含超过一万亿（即 1×10^{12}）kg 的日冕物质，相当于约 25 万艘航空母舰的重量。日冕物质抛射的速度可以比背景太阳风更快，超过了 1000 km/s（即每小时几百万英里）。当这种快速日冕物质抛射离开太阳时，在它们前面会产生激波。激波是由于一个物体的速度超过背景物质中的声速而形成的。而声速则取决于背景物质的密度和温度。举个例子：子弹在空气中运动，空气中的声速大约是 300 m/s，所以如果子弹移动速度超过 300 m/s，那么在它前面就会形成激波。对于日冕物质抛射，背景太阳风的平均速度是 400 km/s，而太阳风中的声速大约是 40 km/s。因此，如果日冕物质抛射的速度比背景太阳风速度大 40 km/s，那么就会形成激波。行星际激波的一个重要功能是：它是一个非常好的粒子加速器。因此，当快速的日冕物质抛射穿过较慢的太阳风时，会产生大量的高能粒子。这些高能粒子可以到达地球，并对卫星造成破坏。

日冕物质抛射通常具有独特的环状磁场结构，称为磁绳或通量绳（flux rope，见彩图 2 中 NASA SOHO 卫星获得的图像）。在专门描述一个日冕物质抛射时，这些磁场结构被称为磁云（magnetic clouds）。在行星际空间观测中，CMEs 具有独特的等离子体和磁场特性，这些独特的性质可用于识别日冕物质抛射事件。它们完整地经过地球通常需要一天的时间，这意味着它们的空间尺度相当于四分之一个天文单位（即 0.25 AU）。由于较慢的太阳风等离子体像雪一样被“扫走”，日冕物质抛射经常会有一个激波和一个高密度的等离子体“堵塞物”在前面。快速日冕物质抛射是引起大型磁暴的主要原因，因此在讨论空间天气时它是最重要的太阳现象之一。

3.6 外 日 球 层

外日球层（outer heliosphere）被定义为远超出冥王星轨道的区域，是太阳风直接与星际空间相互作用的区域。冥王星离太阳的平均距离为 40 AU。日球层顶——日球层和星际介质（interstellar medium, ISM）的边界——被认为大约在 100 AU 之外。2003 年，旅行者 1 号在距离太阳 90 AU 的时候通过了终止激波（termination shock，形成于超音速太阳风和星际介质之间）。星际介质被认为是电中性原子和磁化等离子体的混合物。由于太阳以 220 km/s 的速度绕银河系中心运行，所以日球层和周围的星际介质之间存在相对速度差，这就产生了一个泪滴状的日球层，以及在日球层顶内部的激波（见彩图 5）。

日球层顶将太阳的磁化等离子体从星际介质中分隔开来。这类似于地球的磁层顶将地球磁场与经历激波后的太阳风磁化等离子体分离开来。在太阳运动的方向上，在运动的日球层和星际介质之间形成了另一个激波（弓激波）。据估计，日球层沿大致垂直于太阳和银河系中心之间的连线移动——因此，我们大致是以圆形轨道绕银河系运行。以 220 km/s 的速度运行，大约需要 2.5 亿年才能绕星系一周。在它 45 亿年的历史中，地球绕银河系运行了 18 周，为此地球的年龄大约是 18 个“银河”年。在弓激波之外是未受干扰的星际介质，它一直延伸到下一个恒星的大气。离我们最近的恒星是半人马座阿尔法星（Alpha Centauri），距离我们大约 4 光年（1 光年是光在 1 年时间里所传播的距离，即大约 9.5 万亿 km 的距离）。当然，这颗恒星周围也有太空天气现象，但目前我们不知道这颗半人马座阿尔法星是否具有行星系统。大多数恒星形成模型表明，行星盘可以在恒星星云中形成。因此，我们预计，在半人马座阿尔法星附近也可能存在一个行星系统（译者注：现已经发现半人马座阿尔法星存在行星系统，且存在不止一颗行星）。

3.7 宇 宙 射 线

地球不断受到从各个方向而来的高度电离的原子和其他亚原子粒子（统称为**宇宙射线**，cosmic rays）的轰击。使用“射线”（ray）这个词来描述它其实是不恰当的，因为宇宙射线是由高能粒子组成的。宇宙射线又分为两部分：来自日球层外的粒子（称为银河宇宙射线）和来自太阳的粒子（称为太阳高能粒子）。宇宙射线以接近光速的速度传播，而且大多数粒子是原子核。宇宙射线的元素组分横跨元素周期表，从较轻的粒子（如氢和氦）到较重的粒子（如铁）。宇宙射线还包括电子、正电子（即电子的镜像粒子，本质上是带正电荷的电子）和其他亚原子粒子。宇宙射线的能量通常用 MeV（mega-electron-volt，兆电子伏或一百万电子伏）或 GeV（giga-electron-volt，吉电子伏或十亿电子伏）来计量。电子伏特（electron-volt，简写为 eV）是一种能量单位，相当于一个电子通过一伏特电势的电场被加速所获得的能量。$1\ \mathrm{eV}=1.6\times10^{-19}\ \mathrm{J}$。银河宇宙射线的典型能量在 100 MeV 到 10 GeV 之间。从这个角度来看，如果银河宇宙射线是一个质子，它的速度要达到 43%～99.6%的光速，才能具有这么多的能量。迄今为止测量到的能量最高的宇宙射线，其动能相当于一个网球被顶级男子职业网球运动员击出后所具有的动能——而对于宇宙射线来讲，所有这些能量都包含在一个单一的原子核中。

目前的理论认为银河宇宙射线起源于超新星（即恒星爆炸）。据估计，在类似银河系这样的星系中，每 50 年就会产生一颗超新星。其中一种类型的超新星是大质量恒星的垂死挣扎形成的。在恒星通过热核聚变而耗尽它所有的能量之后，它的外层就会向内坍缩并引起巨大的爆炸，这个过程会将恒星物质喷射到太空中并形成激波。爆炸和激波会产生能量非常高的粒子。激波从原恒星（或已经变成超新星的恒星）持续向外传播出去，在爆炸后的许多年里粒子不断被加速。

由于宇宙射线是带电粒子，当它们在星际空间中传播时，它们的运动会受到银河系磁场的影响而发生偏转。因此，从它们产生的源头传播到太阳系所经历的路径是随机的，所以我们不可能直接识别它们的来源（也就是说，由于银河系磁场是高度结构化的，宇宙射线在太空中传播时基本上是向各个方向散射的）。同时，在通过太阳系和到达地球表面的过程中，宇宙射线的运动也会受到行星际磁场和地球磁场的影响。

当高能宇宙射线撞击地球大气层时，它们与大气粒子发生碰撞，这会导致大量次级粒子冲击地球表面。每次碰撞都从原始宇宙射线中获取能量，创造新的粒子，并为大气中的气体粒子提供能量。这些粒子反过来又可以撞击其他粒子，并激发它们，这个过程又可以产生新的粒子。由于入射宇宙射线的能量非常高，大量的次级粒子可以到达地球。π 介子（pion）是这些碰撞过程产生的一种副产品。π 介子是一种不寻常的亚原子粒子，它通常会迅速衰变，产生 μ 子、中微子和伽马射线。μ 子随后也衰变为电子和正电子。这些粒子的通量大概为每分钟约有 1000 个穿过一个人的身体。然而，这种影响只是自然背景辐射的一小部分。在太空中，通量可能会相当高，进而对卫星造成损害或导致宇航员伤亡。

3.8 补充材料——如何描述运动？

难道没有人笑吗?大家都不喝酒吗?我一会儿就教你物理。

—— 乔治·伽莫夫（George Gamow）, *Thirty Years that Shook Physics*, p. 190.

科学家和工程师研究一切事物的运动，例如：高尔夫球、飞机、人体中的血红细胞、化学物质穿过细胞膜、太空辐射、汽车碰撞、地球绕太阳运行。为了理解物体的运动，需要对一些东西下定义，比如运动是什么?

力学是研究物体运动的学科。运动被定义为一个物体相对于另一个物体或相对于某个参考系（或参照系，如房间或地球）的位置变化。定义一个固定的参考系（称为惯性参考系）通常是很方便的，这样观察者们就能够用某种双方均能理解的方式向彼此描述任何物体的运动。参考系概念的发展是数学和科学的伟大成就之一。例如，你可能正坐着阅读本章内容，然后你会把自己的运动速度描述为零，换句话说，你并没有相对于周围环境而动。如果你把周围环境定义为房间，这是正确的。但是，如果这时的你是坐在行驶在路上的汽车的后座上呢？相对于司机、其他乘客或汽车内部环境，你并没有移动。但是对于站在路边的观察者来说，你相对于道路及其周围环境是在运动的。因此，当你描述运动（或静止）时，还必须指定所使用的参考系。物理学中的一个基本原理是物理定律在所有参考系中都是有效且相同的。对于空间物理学来说，参考系通常是固定的地球或太阳。例如，我们可以说，相对于地球表面，我们是静止不动的，但随着地球自转，一个固定在太空中的观察者将看到我们在向东移动。一个相对于太阳固定的观测者不仅会看到我们随地球一起旋转,而且还会看到地球在绕太阳运行时的后退运动。一个固定在银河系中心的观测者会看到我们绕着地轴旋转,同时也绕着太阳旋转,而太阳又绕着银河系的中心转动。当然，可以将观察者移动到更远的地方，使用一个银河系之外的其他附近星系作为固定的参考系（不过这会让事情更加复杂：这些星系也在运动,因此有时也很难明确你在哪里或者你在向哪里移动)。任何观察者都可以很容易地通过运算从一个参考系转换到另一个参考系，尽管在每个后续步骤中，我们需要更多的关于参考系之间的相对运动和位置的信息。

为了描述一个物体在参考系中的位置，我们必须定义一个坐标系。坐标系可以定量描述一个物体相对于特定点的位置。这个特定的点叫做“原点”。图 3.4 显示了一个二维坐标系，x 轴和 y 轴形成一个 90° 的直角。这种坐标系是由法国数学家笛卡儿（René Descartes）首次提出的，为了纪念笛卡儿，这种坐标系被称为笛卡儿坐标系。这个坐标系可以用来描述物体在平面上的位置。平面是一个二维区域（就像一张纸的表面），可以用两个坐标（例如 x 和 y）来描述。而三维坐标系需要第三个轴（通常表示为 z 轴）用来指定 x-y 平面的上方或下方的特定位置。轴上的刻度可以用来描述坐标系上任何位置的点。原点被定义为位于（0, 0）位置，按照惯例，我们将向右和向上的距离增加定义为正数，把向左和向下的距离增加定义为负数。因此，图 3.4 中的 A 点位于（2, 3）的位置，换句话说，A 点位于 x 轴原点右边的第二个刻度和 y 轴原点上方的第三个刻度上。图 3.4 中的 B 点位于（–2, 4）的位置，或者说位于 x 轴原点左侧第二个刻度和 y 轴原点上方第四个刻度处。路线图通常用类似的坐标系绘制，此时这些轴会被标记为东、南、西、北。

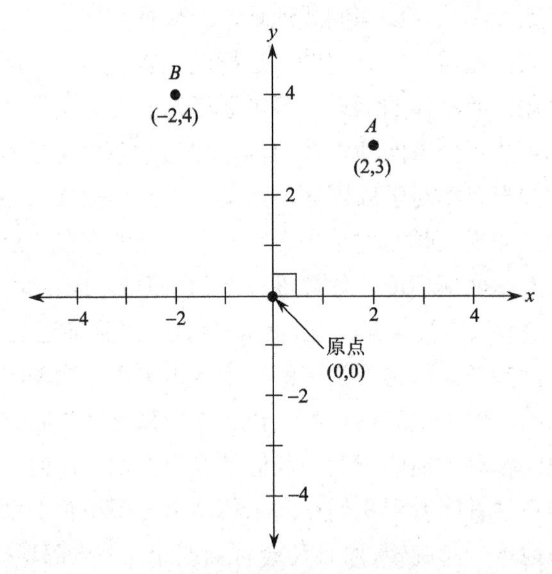

图 3.4　二维笛卡儿坐标系

如果我们想了解一团太阳风在其轨道上相对于地球的运动，通常会使用一个以太阳为中心的坐标系。其中有这样一个坐标系称为太阳黄道参考系，太阳的中心位于这个坐标系的中心（或原点），一条连接太阳中心和地球中心的线被定义为 x 轴，z 轴垂直于 x 轴和地球公转平面。你可以把这个系统想象成一张 CD 或 DVD 光盘，太阳在 CD/DVD 的中心位置，地球在 CD/DVD 的表面绕着太阳运行。当地球围绕太阳旋转时，包含太阳中心和地球公转平面的二维平面就被称为黄道面。这个平面也包含了太阳系的所有行星，当然除了冥王星。冥王星的轨道与黄道面的夹角为 17°，这与太阳系其他八颗行星的公转平面都是不同的，在 2006 年**冥王星已被降级为矮行星**[1]。

如果我们在地球表面定位一个位置，通常使用的是以度数为单位的地理坐标系，而不是以距离为单位，这是因为地球是一个球体。在地理坐标系中，我们把赤道上的一个点定义为原点，同时这个点也在穿越了英国伦敦的一条经线（与赤道成直角的南北线）上，这条线被定义为 0°经线或本初子午线（值得注意的是，英国海军在 17 世纪和 18 世纪统治了海洋，因此他们能够定义这条参考线，把穿过格林尼治天文台的一条线作为 0°经线，这条本初子午线至今仍在使用）。因为圆的一圈有 360°，所以从 0°子午线开始，一直向东绕地球一圈被划分为了 360°，叫做经度。赤道上方和赤道下方的位置也用度数来表示，按照惯例，我们把北极点定义为+90°，南极点定义为–90°。那么，你知道你所处位置的纬度和经度吗？

3.8.1　速度

一旦定义了参考系和坐标系，我们就可以测量物体的位置随时间的变化。我们可以记下在某一时刻（t_1），汽车在高速公路上行驶的位置（x_1），然后测量它在稍后某一时刻（t_2）的位置（x_2）。于是我们可以说汽车在（$t_2–t_1$）的时间内移动了（$x_2–x_1$）的距离。而距离和时间的比值被称为速率：

$$v = \frac{x_2 - x_1}{t_2 - t_1} = \frac{\Delta x}{\Delta t}$$

速率是距离除以时间，用国际单位制（SI）的 m/s 来表示。对于汽车，我们通常用 mile[2]/h 或 km/h 来表示它的速率。速率是理解物体动力学的一个重要参数，但还有一个附加参数，那就是运动方向，用以预测物体的未来位置。我们把物体的速率和运动方向定义为它的速度（velocity）。速度是一个矢量（又叫向量）——一个既有大小（即速率）又有方向的数学量。而速率是一个标量（一个有大小但没有方向的参数）。矢量数学是描述矢量所遵循的规则。我们能做的最简单的矢量数学运算是两个向量的相加。用一个例子来说明，我们想要确定一个人在行驶的火车中行走的速度。如果火车正以 10 km/h 向北运动，在火车上的人以 2 km/h 的速度也向北走动，那么这个人相对于静止轨道的总速度为火车速度加上人的速度（$\vec{v}_{\text{train}} + \vec{v}_{\text{person}}$），即以 12 km/h 向北运动。注意，速度符号上面的箭头表示这个量

---

① 在 2006 年，冥王星被重新归类为矮行星。这一变化是由于人们在数千个与冥王星有相同轨道特征的天体中发现了另一个比冥王星更大的天体，被称为阋神星（Eris，又名齐娜）。这些天体被称为柯伊伯带天体。

② 1 mile≈1.6 km

是一个矢量而不是标量。现在考虑一个向南走到火车尾部的人（即火车的速度和人行走的速度是相反的方向）。如果我们定义向北移动为正，那么向南移动将被描述为负的速度。因此，火车以 10 km/h 的速度向北移动，而乘客以 2 km/h 的速度向南移动，那么相对于静止的轨道，人的速度矢量的总和将是（10–2）km/h 即 8 km/h。请注意，这个人相对于轨道而言仍然在向北移动，即使他在火车内部是向南移动的，这是因为火车的移动速度比乘客的行走速度要快。这就像上自动扶梯一样，你的最终速度是自动扶梯的速度和你走路的速度之和。现在，如果你想沿着下行的自动扶梯往上走，只要你走得比自动扶梯运行得快，你仍然可以往上走。然而，你相对于建筑物的速度，会比你相对于扶梯的速度更慢。

在空间物理学中，我们经常对从太阳到地球的那些等离子体所具有的速度感兴趣。在黄道参考系中，太阳风的运动是从太阳径向向外的。1859 年，理查德 • 卡林顿（Richard Carrington）观测到一次地磁响应与 17 h 前观测到的太阳耀斑有关，太阳和地球之间的等离子体的平均速度可以通过等离子体到达地球所经历的距离和所花费的时间的比值（$v=d/t$）来计算。太阳距离地球 1.5 亿 km，如果太阳耀斑和磁暴相关，那么太阳风的平均速度应该是：150 000 000 km/17 h≈2450 km/s。而通过重新检查 1859 年的这个磁暴事件，最终发现这是有记录以来最强的地磁风暴。这个速度是迄今为止所估计的太阳风最高速度之一，而太阳风一般的平均速度约为 400 km/s。

3.8.2　加速度

要预测一个物体未来的位置，我们不仅需要知道它在不同时刻的位置，还需要知道它在这些时刻的速度。通过观察速度在每个时间段内是否发生变化，我们就可以知道物体是否在减速、加速或改变方向。如果物体在做这三件事（减速、加速或改变方向）中的任何一件，我们就说它在变速（即速度随着时间而改变）。注意，一个物体的速率可以是恒定的，但如果它改变了方向，那么速度矢量也在改变。因此，加速度（acceleration）可以通过比较两个不同时刻的速度差来定义。用一种类似于计算速度的方法，我们可以把这个差写成

$$\vec{a}=\frac{\vec{v}_2-\vec{v}_1}{t_2-t_1}=\frac{\Delta\vec{v}}{\Delta t}$$

符号“$\vec{a}$”表示加速度。还要注意的是加速度也是一个矢量，它有大小和方向。加速度告诉我们物体的速度随时间变化了多少。

3.8.3　力

是什么使物体加速、减速或改变方向?对于我们经常使用的物品——椅子、书籍、咖啡杯——我们会通过推或拉来移动它们。使物体的速度（或加速度）产生变化的动作的正式名称就是力（force）。艾萨克・牛顿（Isaac Newton）是有史以来最伟大的数学家和科学家之一，他提出的运动定律，精确地描述了几乎所有事物的运动——从咖啡杯到行星和恒星（使用“几乎”这个词是因为爱因斯坦后来发现，如果物体的运动速度非常快乃至接近光速，那么牛顿力学或牛顿运动定律就需要修正。这种修正被称为狭义相对论）。牛顿定律定义了力。力等于物体的质量乘以加速度（$\vec{F}=m\vec{a}$）(注意力和加速度变量上方的箭头。力是一个矢量，有大小和方向)。力会使物体加速。地球和我们之间的引力就是我们每天生活中都要面对的一个力。地球的引力把我们“拉”到地表。因此，如果我把铅笔从桌子上推下去，它会直接掉到地板上(重力矢量指向地球的中心)。当铅笔下落时，它不断地加速（速度越来越快)，直到接触地面。在地球表面附近，重力加速度的大小约为 9.8 m/s^2。这意味着一个物体从某个高度落下将会在 1 s 加速 9.8 m/s(忽略空气的阻力)。因此，2 s 后，该物体的移动速度会达到 19.6 m/s（约等于 70 km/h)。

3.9　问题与思考

1. 估计一下运行速度为 800 km/s 的太阳风,从太阳表面到达地球所花费的时间。卡林顿对太阳耀斑和地磁活动可能的因果关系的观测与这次太阳风事件相符吗?

2. 电磁辐射以光速从太阳到达地球，需要多长时间?

3. 行星际磁场的阿基米德螺旋线(又称为帕克螺旋线)取决于太阳风的速度。对于速度为 400 km/s 的太阳风，行星际磁场相对于日地连线的角度是多少?

4. 哪些参数决定了日球层的形状和大小?

5. 如果一团太阳风从静止开始以 10 km/s^2 的加速度径向加速，它需要多长时间才能超过太阳的逃逸速度?

第四章　地球的空间环境

现在研究电离层之上的区域已经成为可能，在这个区域里，地球磁场对气体和快速带电粒子的运动具有主要控制作用……我们不妨称它为磁层。

——T. 戈尔德（T. Gold）在论文（Gold,1959）中创造了“磁层”这个术语。源自美国地球物理学会（American Geophysical Union）。

4.1　关 键 概 念

- 磁场（magnetic field）
- 磁层（magnetosphere）
- 范艾伦辐射带（Van Allen radiation belt）
- 磁重联（magnetic reconnection）
- 磁暴（geomagnetic storm）

4.2　导　　言

在距离地球表面上方约 100 km（或 60 mile）处，电离气体的量变得相当可观。因为电离气体是带电荷的，所以它会受到地球磁场的作用。地球磁场对近地空间带电粒子的运动起着重要的引导作用。通过与磁化太阳风的相互作用，地球磁场深入地参与了从太阳到地球空间环境的能量和动量的耦合或传递。本章描述围绕地球的磁场区域，并称之为磁层。磁层与太阳的联系是太空天气的核心。

4.3　偶 极 磁 场

磁场是磁铁、电流或运动的带电粒子周围的力场，它会对其他磁铁、电流或运动的带电粒子施加作用力。由于地球内部熔融铁的运动，地球周围存在一个相对较强的磁场。

就像太阳黑子对或条形磁铁中的磁场一样，地球的磁场从一个半球发出并指向另一个半球。一般来说，对于这种类似于磁铁的物体所产生的磁场，北极被定义为磁场指向外的极点，而南极则被定义为磁场指向内的极点。想象一下，地球内部有一块条形磁铁，北极指向南方，南极指向北方（见图 4.1）。这就是地球磁场的形态。为了避免混淆地球的地理北极和地磁北极，在北半球的磁极被定义为“地磁北极”。地球和磁铁之间这种可能令人困惑的差异是为了使地球的地磁北极与其地理北极位于同一半球，也即我们把磁场直接从地球出去的点称为地磁南极，把磁场直接进入地球的点称为地磁北极。这种磁场被称为偶极场（dipole, di 是拉丁文中的“二”）。地球的磁极与地理上的北极和南极不在同一个地方，后者是由地球的自转轴定义的。磁偶极轴和地球自转轴存在约 11° 的夹角。

图 4.1 给出了每条场线的方向，线的疏密程度对应磁场的强度大小。值得注意的是，两极的磁场比赤道的磁场更强。磁极处偶极磁场（dipole magnetic filed）的强度是赤道处的两倍，磁场强度随着距离的增加而迅速衰减；赤道处的磁场强度随距离的立方而减小：

$$|B| \propto \left(\frac{1}{r^3}\right)$$

装有测量磁场（强度和方向）仪器的卫星已经探测了包括地球在内的太阳系所有行星周围的大部分空间，验证了地球和其他具有全球磁场的行星（水星、木星、土星、天王星和海王星）磁场的偶极性。

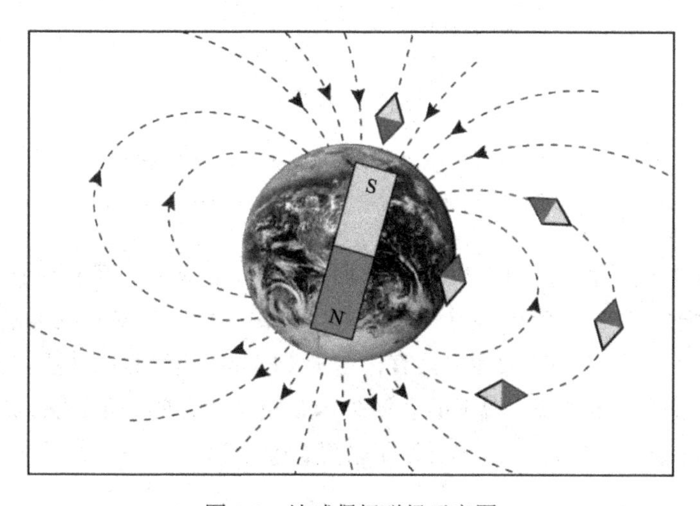

图 4.1　地球偶极磁场示意图

地球有一个偶极磁场，其形态与普通条形磁铁相同[来自美国国家航空航天局观星者（NASA StarGazers）]

4.4　内磁层结构

图 4.2 显示了**磁层**在正午–午夜子午线上的横截面，北向朝上，太阳在左边。磁层的各个区域都已标注。值得注意的是，地球附近的磁场类似于偶极子。地球磁层的偶极区域称为内磁层。在地球同步轨道[距地球中心 6.6 个地球半径（R_E）]附近的夜侧，磁力线被拉伸成一个长长的尾巴状结构。地球磁场与太阳风的相互作用导致了偶极场的扭曲。非偶极区域被称为外磁层。

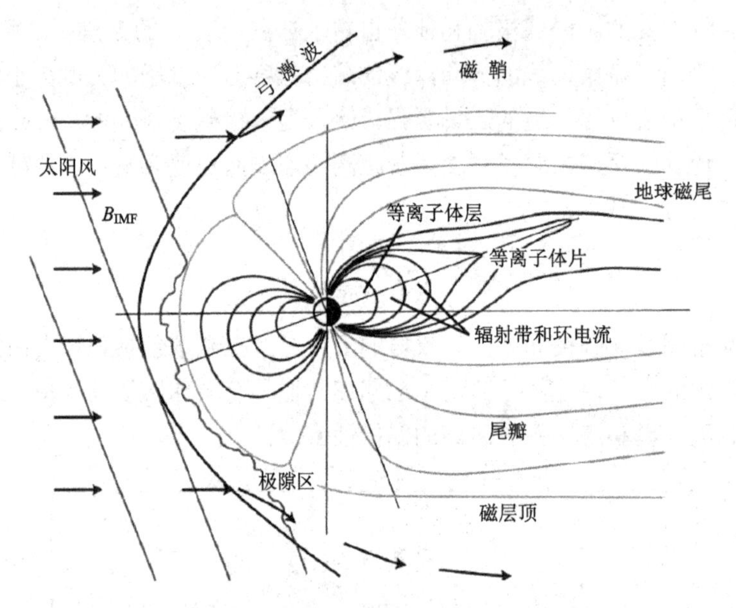

图 4.2　地球磁层在正午–午夜子午线上的横截面

注意内磁层的偶极子形态。太阳（以及正午）在左边，北向朝上

紧挨着地球的是一个冷（约 1 eV）而密（1 cm^3 成千上万个粒子）的等离子体区域，它随地球一起旋转。这个区域被称为等离子体层。eV 是动能的量度单位。对于一个质子来说，1 eV 大约它具有相当于 14 km/s 速度时的动能。太空中的粒子密度比地球表面低得多。海平面上每 22.4 L 空气所含的分子数大约等于**阿伏伽德罗（Avogadro）常数**[①]。在磁层粒子密度最高的区域——等离子体层，粒子密

① 阿莫迪欧 · 阿伏伽德罗（Amedeo Avogadro）（1776—1856 年），意大利科学家，也是物理化学的创始人之一，他假设任何气体的摩尔体积（单位物质的量的体积）包含相同数量的原子或分子。这个数字，现在被称为阿伏伽德罗常数，等于 6.022045×10^{23}。

度只有海平面处的亿分之一。

等离子体层主要由氢和氦组成，但也有相当数量的氧，这些氧刚好有足够的能量逃离地球的电离层。由太阳紫外线和 X 射线辐射形成的电离层将在第六章详细讨论。当等离子体沿着磁力线从下向上漂移时，它会被困住，并与地球一起旋转。稠密的等离子体层通常有一个非常清晰的边界，我们称之为等离子体层顶。等离子体密度经常在很短的径向距离（小于 $0.5R_E$）内下降一个数量级。

通常与等离子体层重叠的区域是**范艾伦**[①]辐射带和环电流。这两个区域的特点是存在大量被束缚在地球磁层中的高能粒子。环电流由峰值能量约 200keV 的粒子组成，而辐射带由能量扩展到相对论范围的粒子组成。相对论粒子的速度接近光速，携带着巨大的动能。

环电流之所以被这样命名，是因为它的带电粒子会产生环绕地球的电流。图 4.3 是地球磁层示意图，显示了中午-午夜子午线和赤道平面。实心箭头表示在磁层中不同电流的流动方向。由于地球偶极磁场区域的形状和强度，高能离子从午夜流向黄昏，而高能电子则向相反的方向流动。带正电的离子和带负电的电子分别以不同速度运动时就会产生电流，也就是环绕地球的环电流。这个环电流反过来会产生一个磁场，它指向与地球表面的偶极磁场相反的方向。因此，环电流降低了地球表面的磁场强度。在赤道附近用仪器连续不断地测量磁场的强度，当环电流突然增强时，我们可以看到磁场强度迅速下降。有一种被称为“磁暴环电流指数”（Dst，英文为 Disturbed Storm Time Index，直译为“扰动磁暴时间指数”）的磁指数，用于指征地球磁场相对于其平静时期值（地球内部磁场的强度）的偏差或变化。环电流的增加或强度增强会导致该指数变为负值（表示地球磁场减弱）。

值得注意的是，在图 4.3 中，还有其他电流（称为场向电流）将环电流和等离子体片连接到电离层。这些电流在极光和其他太空天气现象中起着重要的作用。

范艾伦辐射带以其发现者詹姆斯·范艾伦的名字命名，由两个不同的高能粒子区域组成。外辐射带主要由高能电子组成，其内边缘在 $3R_E$ 附近，其外边缘变化很大，通常恰好超过地球同步轨道。内辐射带由高能电子和质子组成，向外延伸至约 $2.5R_E$。辐射带之间的区域（称为“槽区”）通过增强损耗机制使粒子进入电离层来消除高能粒子。彩图 6 是甜甜圈状或圆环状辐射带的三维示意图。辐射

---

① 詹姆斯·阿尔弗雷德·范艾伦（James Alfed Van Allen, 1914—2006 年），美国物理学家，太空计划早期发展的先驱，他在“探索者 I 号”（美国第一颗卫星）上的仪器发现地球被捕获了电离高能粒子的辐射带包围。该区域现在被称为**范艾伦辐射带**。

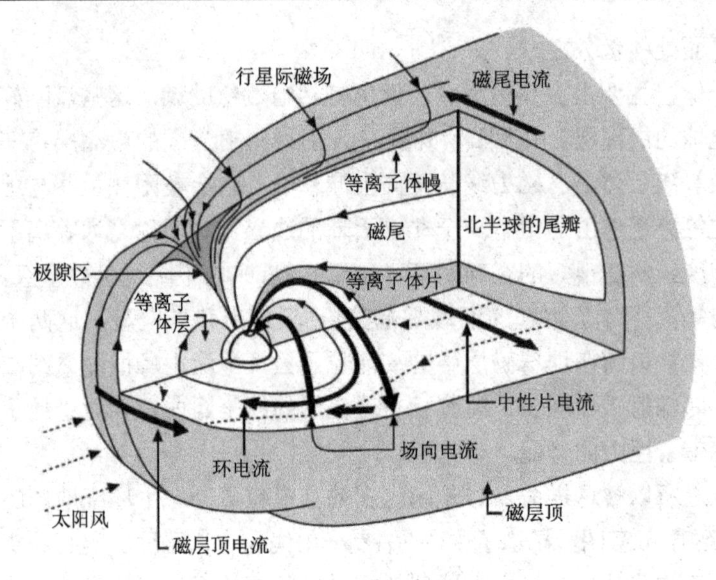

图 4.3　地球磁层示意图

显示了赤道和中午–午夜的子午面。在磁层中流动的电流用黑色箭头表示。磁层的各个区域已被标注[改绘自（Kivelson 和 Russell，1995）]

带发出的强烈辐射，可能会对宇航员造成致命伤害，损坏或摧毁航天器上灵敏的电子设备。了解这一区域是太空天气的主要工作之一，因为许多重要卫星的轨道都在辐射带内或经过辐射带。

4.5　太阳风和磁层的相互作用

在磁层中，带电粒子（等离子体）的动态变化是由地球磁场的结构决定的，由于它与磁化太阳风的相互作用，离地球越远，地球磁场越不像一个偶极子。地球磁场与磁化太阳风的相互作用类似于溪流中的岩石。太阳风（溪流）遇到障碍物地球磁层（岩石），并围绕它流动，留下一个尾迹。在地球磁场与太阳风的相互作用中，这个尾迹被称为磁尾。图 4.3 是一个地球磁层的示意图。

由于太阳风是超音速的，因此会在磁层的上游（或日侧）形成激波（bow shock）。这种激波被称为弓激波。弓激波减慢了太阳风的速度，并开始改变太阳风的方向，使其绕过磁层。弓激波和磁层之间的区域称为磁鞘。

磁层顶是磁层的边界，它的位置取决于太阳风动压的强度，而太阳风动压的强度主要由太阳风的密度和速度决定。当太阳风动压增加时，磁层顶向地球移动。当太阳风动压降低时，整个磁层就会膨胀。磁层顶的位置由太阳风动压和磁层磁压之间的平衡决定。

4.6 磁　重　联

上面的讨论把太阳风看作是一种流体(就像围绕障碍物运动的水流)。实际上，太阳风是被磁化的流体，这使得太阳风和地球磁层之间的相互作用变得更加有意思。当两个磁场被放在一起时，两个磁场会叠加在一起。因此，如果你把两块磁铁放得很近，并测量某一点的磁场强度，你会测量到这两块磁铁的磁场在此处叠加的结果。然而，磁场既有方向也有大小，因此如果一个磁场指向一个方向，而另一个指向与之相反的方向，那么这两个磁场就会相互有所抵消。当这种情况发生在磁化等离子体中时（例如太阳风和磁层中），磁场可以以一种新的方式相互作用——形成新的磁场线。在这个被称为**磁重联**（magnetic reconnection）的过程中，能量由磁场中转移到粒子的运动中（磁能转化为粒子动能）。这一过程在实验室中被得到了重现，它为在太阳表面观测到的大部分活动提供了动力。

当具有某个磁极性的磁化等离子体块（称为通量管）与具有相反极性的磁化等离子体块接触时，就会发生磁重联。当磁重联发生时，磁力线连接并改变它们的拓扑结构或连通性。图 4.4 显示了磁场拓扑在日侧磁层变化的例子。该图显示了一个理想化的磁层顶，太阳风的南向磁场（线 1′）与地球的北向磁场（线 1）

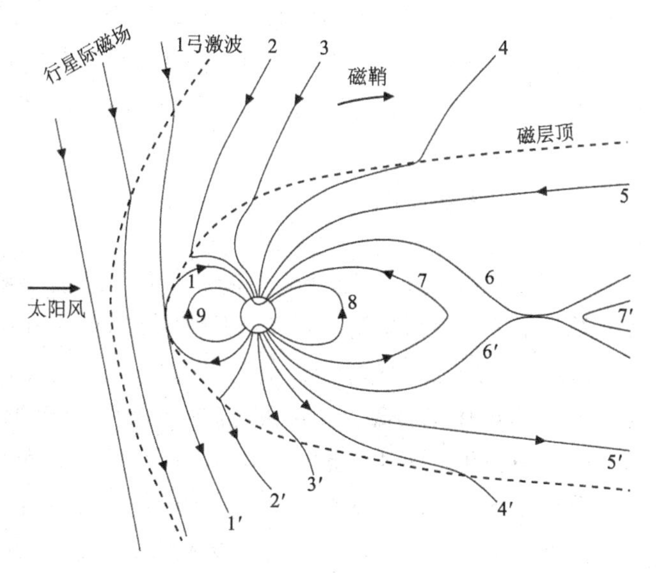

图 4.4　地球磁层正午–午夜的二维横截面

显示了日侧和磁尾中的磁重联[改绘自（Kivelson 和 Russell，1995）]

相反。值得注意的是，有两条截然不同的磁场线，其中一条两端位于太阳风中，另一条与地球两极相连。当它们聚集在一起时，它们可以重新连接，除了将部分磁能转换成粒子动能之外，还将原来的两条磁力线拓扑转换为两种新的磁力线拓扑。磁力线（线 2 和 2′）仍然存在，但线 2 的一端连接到地球的北极，另一端连接到太阳风中，而线 2′的一端连接到地球的南极，另一端连接到太阳风中。两端与地球相连的磁力线称为“闭合磁力线”，一端与地球相连而另一端与太阳风相连的磁力线称为“开放磁力线”。等离子体可能会“被束缚”在闭合的磁力线上，因此，粒子密度会增加。等离子体层和辐射带位于闭合的磁力线上。开放磁力线通常具有更少的等离子体，因为等离子体可以沿着磁力线远离地球而流失。

4.7 磁　　尾

太阳风和地球磁场的磁重联产生了开放磁力线，一端与地球相连，另一端延伸到行星际空间。开放磁力线在行星际空间的部分随着太阳风远离太阳，磁力线被拖曳到地球后面。 这类似于一个人坐在一辆运动的敞篷车上，头发会随风向后飘起。地球磁场被拖曳（图 4.4 中的线 3、线 4 和线 5）进入一个长的圆柱形区域，称为磁尾（magnetotail）。磁尾由两个尾瓣区域组成，一个连接到北极极盖（线 5），另一个连接到南极极盖（线 5′）。这两个尾瓣包含方向相反的磁力线，北尾瓣中磁力线指向地球，南尾瓣中磁力线指向远离地球的方向。这两个尾瓣区域由等离子体片（等离子体密度高于尾瓣的区域）隔开。这一区域承载着分离两个尾瓣磁场的电流，称为越尾中性片。这些区域在图 4.2 和图 4.3 中进行了标记。

4.8 等离子片对流

等离子片对流的英文为 plasma sheet convection。太阳风在整个磁层中施加一个电场，该电场在等离子体片中从黎明一侧（即在地球上太阳刚升起的位置，或站在太阳上看地球时，对应地球的左侧边缘）指向黄昏一侧（与图 4.3 所示的中性片电流方向相同）。这个电场使等离子体片通量管以对流的方式向地球移动，完成了日侧磁重联所带来的循环。图 4.4 显示了当太阳风通量管（线 1′）首次在日侧磁层（线 1）上重新连接后，通量管在整个磁层中的完整对流循环或运动。因为通量管的一端连接到太阳风，所以它被拖曳到极盖后方（线 2、线 3 和线 4）。当通量管到达地球的夜侧时，磁力线成为磁尾的一部分（线 5），并朝着中心等离子体片对流（线 6）。在这一点上，磁重联发生在两条方向相反的磁力线上——一条来自北半球（线 6），另一条来自南半球（线 6′）——并形成了两条新的磁力线（线 7′和线 7）。在重联点的地球一侧，线 7 的两端都与地球相连，而现在线 7′的两端都与太阳风相连。值得注意的是，由线 7 和 7′表示的通量管与磁重联过程开始时的线 1 和线 1′具有相同的磁拓扑。然后，线 7 朝地球方向对流到日侧的磁层，在那里它可以再次参与对流循环。

图 4.5 显示了投射到地球极盖的磁力线的足点。该图表示极盖的俯视图，其中的数字表示图 4.4 中所示的每条带编号的磁场线的足点位置。“对流单元（convection cell）”指的是磁力线从日侧穿越极盖上方，然后在低纬度回到日侧的运动。这种在电离层中观测到的对流运动是极盖中电离层主要动力学过程。电离层及其动力学将在第六章中进行更全面的讨论。

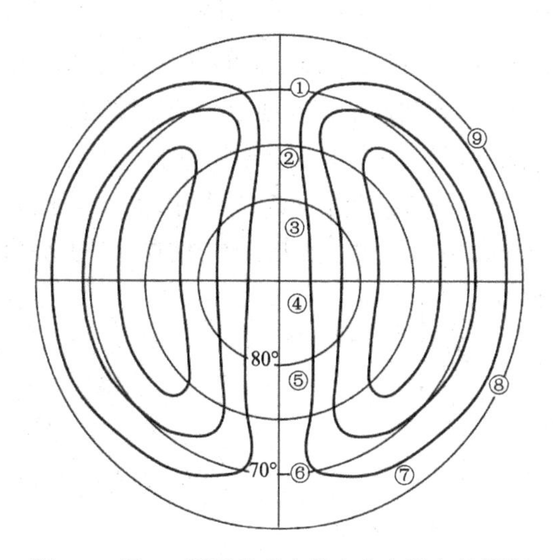

图 4.5　图 4.4 所示的磁力线在电离层上的投影

这些线条显示了由于磁层对流引起的电离层中等离子体运动的方向（改绘自 Kivelson 和 Russell，1995 年）

4.9　磁层动力学

磁层动力学英文为 dynamics of the magnetosphere。地球磁层中的磁重联（以及由此产生的对流）并不稳定。强南向 IMF 带来的日侧重联增强会导致能量耦合增强，并增加向夜侧转移的磁通量。磁尾中增加的磁能密度和压力导致电流片变薄，从而使磁重联得以发生。这反过来将磁尾的磁能转化为与磁尾中观测到的高速流相关的等离子体动能。此外，增强的越尾电场导致进入内磁层的对流增强。这会改变粒子的运动和等离子体层顶的位置；等离子体层顶随着对流的增强而向地球移动，随着对流的减弱而远离地球。日侧的磁重联需要一个有南向分量的 IMF。由于 IMF 的极性不规则地指向南和北，因此磁重联的发生次数以及因此输入到磁层的能量变化很大。

4.9.1 磁暴

有时，从太阳转移到磁层的能量会迅速增加。这样的增加通常与日冕物质抛射（CME）引起的地球南向 IMF 的影响有关。南向的 IMF 可以与向北的地磁场重联。这种能量可以增加进入磁层的能量和动量以及对流速度。与此能量输入增加相关的是环电流的增强，可以观测到 Dst 的迅速下降。图 4.6 显示了磁暴（geomagnetic storm）期间 Dst 随时间的变化过程。**磁暴**通常具有三个阶段：磁暴的急始（SSC）阶段、主相阶段和恢复相阶段。SSC 的特点是磁层顶电流[**Chapman-Ferraro**[①]电流，以最先假设它们的存在及其在磁暴中的作用的科学家的名字命名（见第一章）]的增加及其向地球运动而导致的 Dst 增强。当 CME 和增加的太阳风动压冲击地球时，磁层顶向地球方向移动。Chapman-Ferraro 电流也增加，通过增加磁层的磁压来阻挡太阳风。从日侧低纬度表面看，Chapman-Ferraro 电流的方向会导致地球磁场的增加，因此 Dst 增加。这种增强通常持续数十分钟

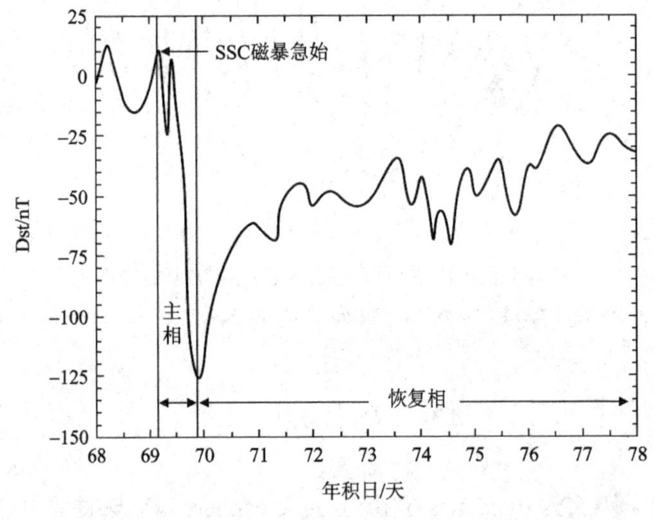

图 4.6　十天间隔内的（Dst）指数

显示了磁暴的特征阶段

① 悉尼·查普曼（Sydney Chapman）（1888—1970 年），英国地球科学家，对地球和行星际磁学、电离层和北极光的研究做出了重大理论贡献。他的电离层理论被称为查普曼理论，解释了行星电离层的主要结构。费拉罗（Ferraro）是查普曼的学生。

到数小时，直到环电流突然的快速增加降低了 Chapman-Ferraro 电流信号，使 Dst 迅速下降，这是磁暴的主要阶段的标志。下降通常会持续几个小时，然后 Dst 值开始缓慢恢复到磁暴前的水平。恢复阶段可以持续很多天。在整个太阳活动周期中，磁暴的数量各不相同，但通常是每月几次，在太阳活动极大期磁暴的数量和强度都很大。

每一次磁暴都伴随着南北半球整个极光卵（极光椭圆区）的迅速变亮和扩张。在许多磁暴中，辐射带变强，外辐射带的内缘向地球移动。在一些大型磁暴中，槽区会被完全填满，并且内辐射带会急剧变强。另一种称为 *Kp* 的地磁指数所测量的地磁扰动的总体水平也会增加。*Kp* 衡量了在中纬度观测到的地球磁场的整体变化。这是一个对数标度（就像地震的里氏标度），值从 0（无活动）到 9（大型磁暴活动），平均或通常的地球 *Kp* 水平大约是 3。

4.9.2 亚暴

地球磁层中另一种较小但更为常见的扰动被称为亚暴（substorm）。它之所以这样命名，是因为最初人们认为亚暴的集合会形成磁暴。亚暴比磁暴发生的频率高得多——平均每天四次。亚暴对应着极光的演化特征。已有的最靠近赤道的极光弧突然变亮，并向极地和向西扩展，这期间相对应的磁层扰动称为亚暴。极光的增强与电离层中电流的增强有关，这种电流增强在观测上可以由一种称为极光电集流（Auroral Electrojet, AE）指数的磁指数来衡量。AE 指数是衡量电离层中两个电流系统（向西和向东的电集流）之间强度差异的指标。这些电集流，尤其是临近午夜向西移动的电集流， 会在亚暴爆发期间加强。西向电集流的增强导致极光正下方地球表面水平磁场的减小，而东向电集流的增强则导致极光正下方地球磁场的增强。

与亚暴相关的其他特征还包括被称为 Pi2 的磁场波的存在，以及地球同步轨道上高能粒子的突然增强。图 4.7 显示了在全域极光图中看到的亚暴序列示意图。这些子图显示了极盖的俯视图，午夜在各子图底部。值得注意的是，极光扰动在午夜前后开始，然后向极地、向东和向西扩展。

磁暴和亚暴之间有三个主要区别：①时间尺度——磁暴发生的频率要低得多，持续数天，而亚暴是很常见的，每天发生多次，时间尺度一般为 1 h；②空间范围——磁暴在整个磁层具有全球性的表现，而亚暴一般更局限于地球的夜侧；③磁场特征——根据定义，磁暴伴随着环电流的增强，而亚暴则不然。使磁暴和亚暴之间的关系更加复杂和有趣的是，所有的磁暴都伴随着亚暴，但并不是所有的亚暴都与磁暴有关。目前的研究正试图厘清这两种现象之间的关系。对于太空天气研究来说，磁暴是至关重要的。

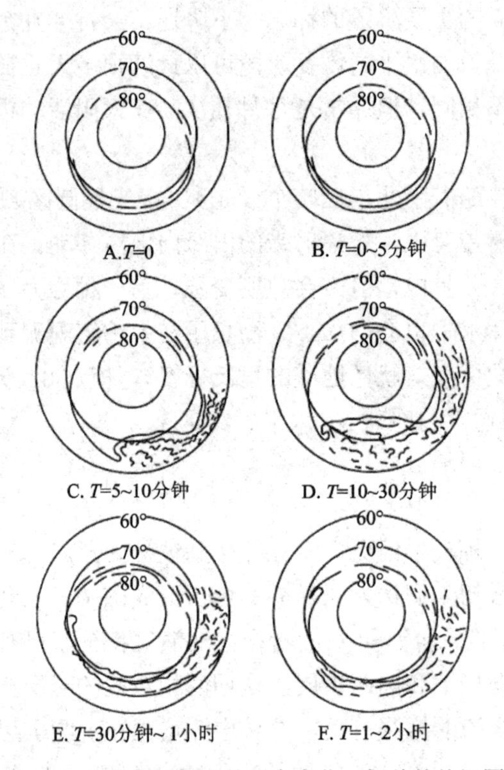

图 4.7　亚暴期间极光的形态变化，极盖的俯视图

正午在顶部，午夜在底部。值得注意的是，活动集中在夜间。转自 Akasofu（1964），已得到 Elsevier 授权

4.10　补充材料

电和磁密切相关，是光和所有其他形式的电磁辐射的两个组成部分。它们之间的关系可以用一组被称为麦克斯韦方程组的四个方程来描述。为简单起见，电和磁将单独讨论。

4.10.1　静电学

静电学英文是 electrostatics。电荷是物质的固有属性。原子的亚原子结构是质子、中子和电子。质子具有离散的正电荷；电子带有等量但电性相反的负电荷；中子没有电荷（因此是中性的）。我们在地球上所熟悉的大多数物质（就像你手中拿着的书，甚至你自己）都是由原子和分子组成的，这些原子和分子具有相同数量的电子和质子，因此是中性的。电子和质子因它们各自的电荷相互吸引。电场力或**库仑（Coulomb**[①]**）**力是描述带电物体之间的力。相反的（正-负）电荷相互吸引，相同的（负-负和正-正）电荷相互排斥。按照本杰明·富兰克林（**Benjamin Franklin**[②]）最先提出的规定，电子带负电荷，质子带正电荷。库仑力的强度取决于静电荷量和符号（正或负），并与带电物体之间距离的平方成反比：

$$F_c = \frac{kq_1q_2}{r^2}$$

式中，k 是自然常数，q 是净电荷量，r 是物体之间的距离。

例：

（a）氢原子中电子和质子之间的库仑力的大小和方向是什么？（k=8.99×10^{9}Nm^2/C^2，质子的电荷为 1.60×10^{-19}C，电子的电荷量相同，但为负电荷。在氢原子中，电子与质子之间的平均距离为 0.530×10^{-10}m）。

（b）若一个电子的质量为 9.11×10^{-31}kg，那么该电子在这个力的作用下加速度是多少？（回想一下牛顿定律 $F = ma$）。

解：

（a）

$$\begin{aligned} F &= k\frac{q_1q_2}{r^2} \\ &= 8.99\times10^9\,\frac{\text{Nm}^2}{\text{C}^2}\frac{\left(1.60\times10^{-19}\,\text{C}\right)\times\left(-1.60\times10^{-19}\,\text{C}\right)}{\left(0.530\times10^{-10}\,\text{m}\right)^2} \\ &= -8.19\times10^{-8}\,\text{N} \end{aligned}$$

（电荷相异，互相吸引，力的方向指向对方）

（b）

$$\begin{aligned} F &= ma \\ a &= \frac{F}{m} \\ &= \frac{-8.19\times10^{-8}\,\text{N}}{9.11\times10^{-31}\,\text{kg}} \\ &= -8.99\times10^{20}\,\text{m/s}^2 \end{aligned}$$

---

① 夏尔·库仑（Charles Coulomb）（1736—1806 年），法国物理学家，发展了电荷理论。国际单位制电荷单位（库仑–C）是以他的名字命名的。

② 本杰明·富兰克林（Benjamin Franklin）（1706—1790 年），美国开国元勋之一，也是一位科学家，他的工作包括证明闪电的带电性（通过他著名的——也是危险的——在雷暴中放风筝的实验）。

这是一个巨大的加速度。

4.10.2 静磁学

静磁学英文是 magnetostatics。磁性已为人们所知数千年了。磁铁具有相互吸引或排斥的特性，并被某些金属（如铁）所吸引。正如在第一章中提到的，关于指南针的首次描述是在 11 世纪，而它与磁铁的相似性是在公元 1600 年之前被发现的。

所有的磁铁都会吸引铁，但因为磁铁有两极，所以磁铁间要么相互吸引，要么相互排斥。正如本章前面所讨论的，磁极被命名为北极（+）和南极（−），相反的磁极相互吸引，相同的磁极相互排斥。与电荷（有+或−两种类型）不同，“磁荷”总是成对出现。想要把北极和南极分开是不可能的（也就是说，把一块磁铁切成两半不会得到一个单独的北极和一个单独的南极，而是得到两块更小的磁铁，每个磁铁都有一个北极和一个南极）。即使在原子和亚原子尺度上，磁性粒子也是偶极的，包含两个极性。偶极磁场的强度随距离的衰减速度比电场更快。电场衰减的速度与距离的平方成反比[$E\propto(1/r^2)$]，偶极磁场衰减速度和距离的立方成反比，即 $B\propto 1/r^3$。

奥斯特（Oersted）[①]在 19 世纪进行的实验证明，电流会使指南针偏转。这对太空天气的认知产生了直接影响，现在人们已经对极光引起磁暴以及使指南针偏转的原因有了物理上的了解。磁和电流之间的这种联系使得电磁铁和发电机的出现成为可能。

我们现在明白，所有的磁性都来源于电流。在磁铁内，电流是由单独的原子排列成畴而产生的。如果这些原子网域是有序的（以一致的方式排列，所有的北极指向同一方向），那么材料就会被磁化，并会产生与之相关的磁场。电磁铁可以通过将导线绕成圈而制成，这样电流就可以沿同一方向在环路中流动。这些电流环会产生类似于磁铁的磁场——二者都有北极和南极，但不能将回路切成两部分来制作独立的北极或南极。

磁场是一种力场，类似于电场或重力场，对距源头一定距离的物体施加力。电场对带电的物体和粒子施加力。重力场对有质量的物体施加力，而磁场对其他磁铁和运动的带电物体或粒子施加力。请注意这里关于带电物体的描述——它们

---

① 汉斯·克海斯提安·奥斯特（Hans Christian Oersted）（1777—1851 年），丹麦物理学家，他在 1820 年证明了电和磁之间的联系。这一发现使安德烈·安培（André Ampère）和迈克尔·法拉第（Michael Faraday）对电磁学有了重要的理论认识。

必须是移动的。运动电荷的一个特性是它会形成电流。因此，磁场会对电流施加作用力。

4.10.3　磁场中的单粒子运动

在磁场中移动的单个带电粒子会受到磁场的作用力。该力不是像引力场和电场那样向着磁场的方向，而是垂直于运动方向和磁场的方向。这在数学上表示为向量叉乘：

$$\vec{F} = q\vec{v} \times \vec{B}$$

注意三个参数上方的矢量符号（箭头）——力、速度和磁场（magnetic field，记为 B，因为 M 用于另一个称为磁化强度的量，而 m 用于表示质量）。符号 q 代表粒子所带的电荷，是一个标量，它是正的还是负的，取决于所带电荷的符号。这个叉乘表明，在磁场中运动的带电粒子所受力的方向与速度和磁场方向是垂直的（或与速度和磁场方向成直角），力的大小与垂直于磁场的速度分量成正比。换句话说，叉乘的大小可以写为 $F=qvB\sin\theta$，其中 θ（希腊字母 theta）是速度矢量和磁场矢量之间的角度。值得注意的是，如果带电粒子的速度矢量沿磁场方向，则力的大小为零，因为 sin（0）=0。当带电粒子的速度方向与磁场垂直时，粒子受力最大。使用“右手定则”可以很容易地找到力的方向（参见图 4.8）。这条规则指出，右手食指指向运动方向，中指指向磁场方向，则拇指的指向是力的方向（对于负电荷，力的方向相反）。

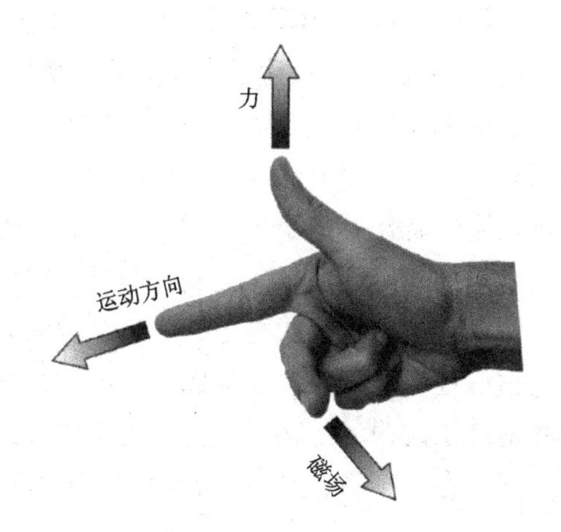

图 4.8　右手定则示意图

洛伦兹力由矢量叉乘 $\vec{F} = q\vec{v} \times \vec{B}$ 表示。右手定则有助于确定受力方向请注意，该力将导致粒子加速（其速度矢量将随时间变化），因为有一个力垂直于其原始速度方向推动粒子。这会导致粒子围绕磁力线旋转或盘旋。速度矢量平行于磁力线的粒子将感觉不到磁力并沿磁场移动。速度矢量垂直于磁场的粒子将绕磁力线旋转。速度矢量既存在垂直于磁力线分量又有平行于磁力线分量的粒子将以螺旋轨迹围绕磁力线盘旋。

4.10.4　磁流体力学

磁流体力学英文为 magnetohydrodynamics，简写为 MHD。空间等离子体是不同电离元素（即氢、氦、氧等）和等量电子的集合。每个粒子都有自己的速度、电荷、质量和能量。地球大气层或正在阅读该书的读者房间中的空气是由中性气体（主要是氮气和氧气）组成的，它们都有自己的速度。确定这些粒子运动的一种方法是跟踪每一个粒子在房间中的路径，跟踪它的加速度、瞬时速度和位置。如果考虑到任意给定空间中的粒子数量，任务会非常艰巨。幸运的是，气体和等离子体通常以一种称为流体近似的集体方式运动。流体是集体运动的——例如你可以用某一点上的流速来描述河流的运动，而不必测量这一点上的每一个水分子。因为水分子在相对于其尺寸更大的尺度上是集体行动的，我们可以用一组简单的方程来跟踪河流的运动，这些方程跟踪流体的体积单元（流体元）而不是单个粒子。其中最重要的是连续性方程和动量方程。连续性方程表明，如果一个流体的密度在给定体积内随时间变化，可能是由于两种不同的过程——流体进入或流出该体积（称为输运），或者流体在该体积内产生（源）或被破坏（即损失）。动量方程描述了流体的运动(即输运)，并描述了流体元的速度是如何随时间变化的。由于受到外力作用，速度会随时间发生变化（即产生加速度），该方程基本上列出了作用在流体元上的所有力。

这种处理方式也可以用于磁化等离子体。但是，与流水等中性流体不同，等离子体由带电粒子组成。因此，等离子体感受到的力包括电场力和磁力。等离子体的最简单近似方法是将所有粒子（离子和电子）集合视为单一流体。这被称为磁流体动力学近似，它很好地描述了等离子体的大尺度动力学过程（例如太阳风在整个日球层的运动和地球磁层内的等离子体的动力学过程)。作用在等离子体上的主要力是压强梯度力（将在下一章详细讨论）和上一节讨论的磁场力。

4.11　问题与思考

1. 哪个磁指数最常被用于定义何时发生磁暴？这个指数主要测量什么磁层

电流？

2. 说出磁暴和亚暴之间的三个不同之处。

3. 赤道地球同步轨道处的偶极磁场强度是多少（地面赤道磁场为 30000 nT）？

4. 磁流体中等离子体与磁通量管相连。使等离子体层中的等离子体与地球共同旋转所需的电场方向是什么?等离子体向阳对流所需的等离子体片中的电场方向是什么?($\vec{E}=-\vec{V}\times\vec{B}$)。

5. 当 L=4 时，典型的环电流离子的运动频率是多少？它如何随着与地球的距离而变化？［回旋频率 $=\omega_c\equiv|q|\ B/m$（q 是电荷，B 是磁场强度，m 是离子的质量）］。

6. 估计日下点（太阳和地球连线上的一个点）的磁层顶位置。利用地球磁场强度以偶极子形式下降，以及磁层顶是太阳风动压（ρv^2）和地球磁层的磁压（$B^2/2\mu_0$）平衡的地方 （其中 $\mu_0=4\pi\times10^{-7}$ H/m）等规律。

第五章　地球高层大气

《纽约时报》头条：**横跨大洋的无线电信号。**马可尼说他收到了来自英国的无线电信号。预先设好的字母，时不时地在马可尼的编码下重现出来。这位意大利发明家现在将离开（加拿大）纽芬兰省圣约翰，前往康沃尔继续他在那里的跨大西洋实验。

——《纽约时报》纽约，1901 年 12 月 15 日。

5.1　关 键 概 念

- 卫星无线电通信和导航（satellite radio communication and navigation）
- 电离层（ionosphere）
- 极光（aurora）
- 光致电离（photoionization）

5.2　导　　言

地球高层大气在地基和**卫星无线电通信和导航**中起着重要作用，其密度决定了低地球轨道（low-Earth orbiting, LEO）卫星的寿命。高层大气主要由中性原子和分子组成，位于一个叫做热层的区域。在热层内，电离气体的数量变得可观，这些电离气体形成称为电离层的区域（见图 5.1）。热层和电离层在高度上是重叠的，但因为它们描述了两个不同的粒子群（中性和电离），它们通常被“分开”，因为影响其中一种的结构和运动的因素通常不一定直接驱动另一种。然而，这两个粒子群是通过粒子碰撞（中性-离子相互作用）耦合的，这意味着你通常不能忽视其中的任何一个。由于热层-电离层系统对无线电波传播和低轨卫星的寿命非常重要，因此它是研究太空天气的关键区域之一。

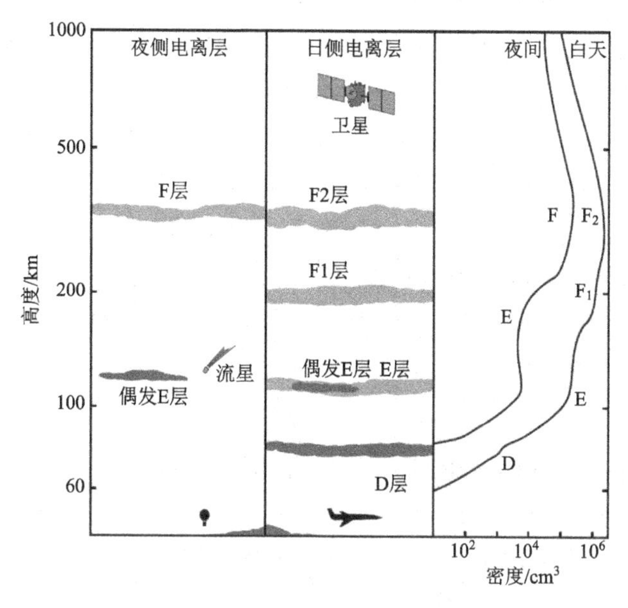

图 5.1　地球电离层的垂直结构

值得注意的是，电离层有几个密度峰值，分别标记为 D、E 和 F 层。到了晚上，D 层通常会基本上消失，而 F 层变成单层［改编自 Radtel 高频无线电网络（Radtel HF Radio Network）］

5.3　热　　层

为什么地球有大气层，而其他行星（如水星）和地球的卫星月球，基本上没有大气层？压强梯度产生的巨大的力试图将行星或月球表面附近的任何大气向上推入太空（在轮胎、气球或汽水瓶中可以观察到这种类型的力。由于内部的压力高于外部，会有一种力试图把内部的东西推出去，例如气球或轮胎中的空气）。压强是单位面积上的力，对于气体，它可以用我们熟悉的理想气体定律来描述（$PV=nRT$，P 是压强，V 是体积，n 是气体的摩尔数，R 是气体常数，T 是温度。或 $P=nkT$，n 等于单位体积的分子数，k 是玻尔兹曼常量）。理想气体定律指出，气体对周围环境施加的压强值与气体的量和温度成正比。梯度是量随距离变化的函数。压强梯度意味着一个地方的压强与附近另一个地方的压强不同。这可以表示为一个简单的代数差分关系：P_1（x_1）$-P_2$（x_2）=附近两点的压强差→压强梯度（译者注：压强梯度应为压强差/距离）。一定距离上的某个量的差异被赋予一个特殊的数学符号，称为 del 算子，写作∇，所以$-\nabla P$=压强梯度力。值得注意的是，压强梯度力由高压指向低压（负号的原因是梯度总是从低压指向高压）。在地球上，与相对真空相比，地表附近的压强很高，所以有一种力试图将地表附近的空气移入太空中[Spinoza（1677）说“大自然厌恶真空”，这是因为压强梯度力]。那么为什么地球的大气层没有被推入太空呢？答案很简单，是由于地球引力。地球的质量对大气施加一个力，将它向下（地球表面）拉。向上压强梯度力与向下重力的平衡决定了大气密度结构。这种关系称为流体静力学平衡（hydrostatic equilibrium，前缀“hydro”是希腊语中的水或流体的意思，“static”的意思是“不变”)。平衡（equilibrium）这个词意味着这两种力完全相等。我们可以把这个关系写成

$$\nabla P = -\rho g$$

其中，ρ 是质量密度[单位体积的质量，在国际单位制下为 $\mathrm{kg/m^3}$，g 是重力加速度（在地球表面约等于 $9.8\ \mathrm{m/s^2}$）]。因为压强可以用密度表示，$P=nkT=\rho kT/m$（因为 $\rho=nm$，其中 n 是分子的数密度，m 是它们的平均质量)，所以流体静力学平衡方程可以用质量密度（ρ）的梯度或数密度（n）的梯度来表示。这个方程的解说明质量密度和数密度是随高度的上升而减小的函数。密度以一种特殊的方式下降——呈指数衰减。密度作为高度的函数可以写成 $n(\text{height})=n_0\exp(-\text{height}/H)$，其中 H 称为标高，取决于气体的组成（例如，是空气或纯氧等)、气体的温度和重力加速度，而 n_0 是地球表面粒子的数密度。需要记住的重要结果是，气体密度随高度呈指数（快速）下降。因此，随着地球表面海拔的上升，气体的密度会越来越低。

例：珠穆朗玛峰山顶空气密度占海平面空气密度的多少？（假设标高 H=8 km，珠穆朗玛峰的高度为 9 km）

解：

$$n = n_0\exp\left(-\frac{\text{height}}{H}\right)$$

$$\frac{n}{n_0} = \exp\left(-\frac{9}{8}\right) \approx 0.32$$

也就是海平面密度的 1/3 左右。

月球和水星比地球小得多，它们表面的重力也比地球小得多。因此，压强梯度力和重力之间的平衡维持着密度低得多的大气。因此，如果月球和水星这类太阳系天体曾经有过厚厚的大气层，那么在其漫长的历史中，其中大部分可能会逃逸，因为引力不足以将大气层保持在其表面上。

5.4 电 离 层

在介绍第一章中的“圈层（sphere）”时，我们简要讨论了地球大气层从对流层到热层（thermosphere）及其以外的温度结构。高层大气通常被定义为距地球表面 80 km 以上的区域。在这个高度，中性粒子的密度足够低，以至于在电离过程中产生的自由电子在与离子重新结合之前可以独立存在相当长的一段时间。电离是通过添加或剥离一个或多个电子而使原子或分子带正电荷或带负电荷的过程。在地球的高层大气中，剥离一个电子以产生带正电的离子比添加一个电子以产生带负电的离子更为常见。当电子被太阳高能光子（主要是紫外线和 X 射线）或沉降到大气中并与周围气体碰撞的高能粒子撞击出其宿主离子时，电离就完成了。在传统的原子模型中[以建立该模型的科学家的名字命名为**玻尔（Bohr）**[①]模型]，一个或多个电子围绕着原子核运动，原子核由称为质子和中子的亚原子粒子组成。质子带正电荷，电子带负电荷，二者电荷相反但电荷量相等。相反的电荷（正电荷和负电荷）之间有一种叫做静电力或库仑力的吸引力，而相同的电荷（负电荷和负电荷，或者正电荷和正电荷）之间有一种排斥力。地球低层大气中几乎所有的原子和分子都是中性的，这意味着每个原子中的质子和电子数量相等。在高层大气中，带电粒子（离子和电子）的数量变得可观。在大约 300 km 的高度，自由离子和电子的数量有一个峰值。这个电子密度峰周围的区域叫做**电离层**（ionosphere）。图 5.1 显示了该区域的垂直结构。

电离层主体主要是由太阳电磁辐射通过一种被称为光致电离的过程产生的，因此电离层的密度峰值出现在白昼。然而，在夜间，电离层并没有完全消失，因为离子和电子的复合时间（离子和电子重新结合成中性粒子所需的平均时间）与地球的自转周期相当。复合率依赖于背景密度，因此在低海拔（密度高的地方）复合率很高，并且随着海拔的升高而降低。存在的电离量取决于离子的来源或离子产生（光致电离）与损失（复合）的平衡。

---

① 尼尔斯·亨里克·戴维·玻尔（Niels Henrik David Bohr）（1885—1962 年），丹麦诺贝尔物理学奖获得者，他发展了原子结构理论并解释了核裂变过程。玻尔的原子模型用原子核（由质子和中子组成）与核外电子来描述原子，原子核被环绕轨道运行的电子包围——类似于围绕恒星运行的行星系统。尽管量子力学改变了我们对原子的看法，但玻尔模型对于理解原子的基本结构仍然有用。

5.5　电离层结构

不同能量的光子能够穿透地球大气层中的原子和分子，并与之相互作用。大气成分（例如氮分子和氢分子）的密度也随高度变化，因此电离层在地球表面以上的不同高度形成了许多不同的区域。图 5.1 显示了电离层是如何划分成不同的层的。离子数密度的局部最大值表征出了各个区域。D 层（区）是电离层的最底层，大约从 50 km 延伸到 90 km（它向下延伸到中间层——见图 1.1）。D 层主要的电离源是太阳紫外光子电离的一氧化氮（NO）分子。在太阳活动高峰期，太阳硬 X 射线电离空气分子（氮分子和氧分子）。此外，宇宙射线在这个高度也能产生电离。因为 D 层的中性密度较高，所以复合量很大。因此，D 层基本上只在白天存在（尽管宇宙射线在夜间会继续产生电离），D 层的电离程度是电离层各区域中最低的。太阳风暴会发射大量 X 射线，导致 D 层电离程度迅速增加，这被称为电离层突然扰动（sudden ionospheric disturbances, SID）。D 层对于高频（high frequency, HF）无线电通信非常重要，因为它会吸收无线电波，从而导致长距离短波通信质量下降。在 SID 和太阳高能粒子在极盖区强烈沉降期间，D 层电离会变得非常强烈，以至于使 HF 无线电通信完全中断。

D 层之上是 E 层[最初称为肯内利-赫维赛德层（Kennelly-Heaviside 层）或仅称为赫维赛德（Heaviside 层）]。它从 90 km 延伸到 120 km，由低能（或软）X 射线和紫外太阳辐射电离分子氧（O_2）形成的。因为在这些高海拔地区离子复合不太普遍，E 层的峰值密度比 D 层的峰值密度大 100 倍以上。与 D 层一样，E 区在夜间衰变，这有效地提高了 E 区的高度，因为较快的复合时间使得 E 区在低海拔比在高海拔衰减得更快。除了太阳光子，沉降到大气中的高能粒子也会导致 E 区电离的发生。粒子沉降在高纬度地区尤为重要。碰撞电离最终导致产生可见光（极光）。极光在北半球和南半球的高纬地区出现，总体呈现椭圆形，是最美丽的自然色彩和灯光秀。粒子沉降极大地增加了 E 区电离层的电离，尤其是在没有光产生的夜间。

在 E 层高度还有其他更短暂的电离源，包括由中性大气运动、极光电场和进入高层大气的流星等造成的复杂动力学过程，这些流星变形（或燃烧）并以足够的能量撞击周围的中性气体，从而产生电离轨迹。这些电离源在 E 区高度上产生狭窄而短暂的高密度电离区域，统称为偶发 E 层（Sporadic E）。造成偶发 E 层的机制取决于纬度。偶发 E 层可以持续几分钟到几个小时。局部的电离度可能非常高，因此高频无线电波可以从这些轨迹中反射回来进行远距离通信。

电离层（包括整个磁层）密度最大的区域是 F 层。它从 120 km 开始延伸，通常在 300 km 处达到峰值。在峰值上方的区域（称为顶部电离层），密度慢慢降低，并融合到称为等离子体层的磁层区域中。电离层顶部和等离子体层之间的过渡通常在大约 1000 km 处，其特点是从电离层中的离子氧为主过渡到等离子体层中的离子氢为主（彩图 7 显示了等离子体层的图像）。F 层是由极紫外太阳辐射电离原子氧形成的。F 层的电离度在夜间降低，但不如 E 层和 D 层的电离度降低得大，因为在这个较高的高度，离子复合率较低，而且该层由原子氧组成，而不是在 D 层和 E 层占主导地位的分子离子。一般来说，原子离子的复合速率比分子离子低得多。

图 5.1 示意性地显示了电离层的垂直结构。中间一列显示了白天存在的不同层。由于较高地区的光致电离增强，F 层在白天分为两层。F_2 的峰值密度比 F_1 的峰值密度更大。

5.6　电离层变化

电离层的变化是系统的，因为电离的主要来源——太阳紫外线和 X 射线强度——取决于太阳在地球上空的位置和太阳的绝对输出量。当太阳在正上方时，到达高层大气的阳光强度最大。当观察者向两极或昼夜的明暗分界面移动时，太阳光强度会降低，因为太阳与高层大气形成的角度更加倾斜。当观察者进入地球黑暗或夜侧半球时，太阳光的强度就会变为零，光致电离的作用也会停止。因此，地球的自转和弯曲的表面会导致电离层结构的变化。

此外，太阳的能量输出在时间上也不是恒定的。在整个太阳活动周期，太阳耀斑会导致它变化很快（特别是在太阳电磁波谱的高能端）。彩图 3 显示了太阳在太阳活动周期中的 X 射线辐射。值得注意的是，在太阳活动极小期，X 射线辐射很少，而在太阳活动极大期，太阳的大气层会发射大量的 X 射线。这导致了电离层电离强度随太阳周期变化。在太阳风暴期间，来自太阳的能量输入会极大地改变电离层的结构。因此，在磁暴期间，电离层受到的扰动最大，对太空天气影响最大。

5.7　极　　光

如前所述，在电离层的 E 区，高能粒子可以沉降到大气中，造成碰撞电离，从而发光。这种光被称为**极光**（aurora），在地球极地地区的冬季，可以用肉眼在地面上看到。这些粒子来自哪里？为什么它们主要在高纬度进入地球？回想一下第四章，地球磁场的形状就像偶极磁铁。磁场线从南半球出来，在北半球进入地球。带电粒子在通过磁场时会感受到洛伦兹力。这种力会导致粒子绕磁场线做螺旋运动。如果一个粒子沿着磁力线运动，磁场不会对其施加磁力，除非它运动的一个分量垂直于或横跨磁力线。束缚在地球磁层中的高能粒子被汇集到地球的南北两极，磁场在那里进入或离开地球。因此，碰撞电离和极光的产生在高纬度地区最为普遍。极光分为北极光（northern light 或 Aurora Borealis）和南极光（southern light 或 Aurora Australis）。

极光在极点周围呈椭圆形（图 1.2 和图 4.7）。这是因为造成极光的粒子来自于地球磁层中的一个狭窄的等离子体片（见图 4.3）。极光可以有几种不同的颜色（绿色、紫色和红色占主导），因为它们主要来自氮和氧分子/原子。极光的颜色取决于等离子体片电子的碰撞所激发的原子或分子种类，以及碰撞电子的能量。最常见的极光颜色是绿色，它来自原子氧的激发。彩图 8 显示了从阿拉斯加看到的极光。图 5.2 是美国中西部和东北部上空极光的黑白图像。彩图 8 所示的单独的带或弧构成了更宽的极光椭圆，图 5.2 中可以看到其中的一部分。

图 5.2　DMSP 卫星相机在 800 km 高空观测到的可见极光

值得注意的是，从太空中可以清楚地看到美国东海岸的城市[图像和数据由美国国家海洋和大气管理局（NOAA）国家地球物理数据中心处理得到。DMSP 数据由美国空军气象局收集]

5.8　对通信的影响

回想一下第一章的内容：马可尼在 1901 年发送了第一条横跨大西洋的无线电信息。英国物理学家赫维赛德（Heaviside）和爱尔兰物理学家肯内利（Kennelly）提出在高层大气中存在一个电离层，以解释马可尼的无线电波如何在地球周围反射。英国物理学家阿普尔顿（Appleton）很快在实验中验证了这一说法。电离层有时仍被称为阿普尔顿（Appleton）层。

电离层如何与无线电波相互作用？无线电波是一种波长长、频率低的电磁波。当通过电离介质传播时，它们会发生折射或弯曲（图 5.3）。弯曲角度大小取决于电磁波的频率和电离气体的密度。在特定的频率——称为临界频率，波将被完美地反射。这个频率与电离气体的密度成正比，由下式给出

$$f_{\text{critical}} = 9\sqrt{n_{\text{e}}},$$

式中，n_e 是以 m^{-3} 为单位的电子数密度，临界频率以 Hz 为单位。电离层电子数密度峰值通常为 $1\times10^{12}\,m^{-3}$，因此临界频率为 9×10^{6} Hz 或 9 MHz。这是高频（HF）无线电波段。当信号频率低于这一临界频率时，电离层将信号反射回地面（如果信号来自太空，则反射回太空）。在这个频率之上，无线电波可以穿过电离层传播（它仍然会被折射，但不会被完全反射）。

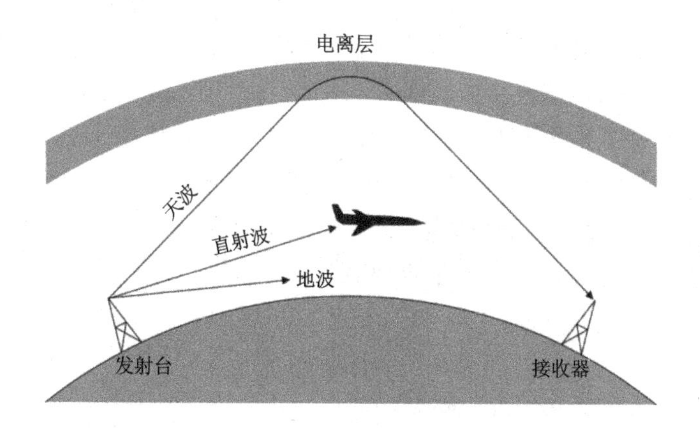

图 5.3　电离层可以折射和反射无线电波

由于电离层能“反射”无线电波，长距离无线电通信成为可能[改绘自 Radtel 高频无线电网络（Radtel HF Radio Network）]

5.9 补充材料

光化学

包括地球大气在内的行星大气中电离和粒子激发的主要方式是**光致电离**。在这个过程中，具有足够能量（或频率高于特定阈值）的电磁辐射光子与原子（或分子）相互作用，并将其激发到更高的能级。一般来说，光化学（photochemistry）反应可以简要地写成$A+hf\rightarrow A^*$。这意味着分子A从光子中吸收了一定量的能量（来自光子的能量$E=hf$，其中h是普朗克常数，f是电磁辐射的频率），并经历能量转化变为激发的分子能态A^*。这种激发态可以将能量转移到分子的运动中，称为转动能或振动能。分子可以自旋，或者分子中通过化学键连接的原子可以来回振动，类似于原子通过弹簧相互连接。分子也可以发生电子跃迁，其中电子被撞击到更高的轨道壳层，可以被解离（分离）或者被离子化（被剥离或添加一个电子）。受激分子的特殊之处在于它们的化学反应活性（chemical reactivity）增强了，在生物系统中，这可能会对生物体产生有害影响（进一步讨论参见第七章），而在地球大气中，这些受激发的分子会改变局部平衡状态。受激发的分子或原子可能会通过发射光子而退回到基态。不同种类的原子或分子发射的光子的频率不同且是离散的，因此这种发射是“谱线发射”。也就是说，这些跃迁产生的光处于特定的波长或波段。

原子和分子也可以被离子和电子的撞击激发。在这种情况下，产生的光被称为极光，因为它们通常被限制在极地中（地理坐标系），地球的磁场线可以将粒子从大气层向外输送到电离层。研究大气光发射的领域称为高层大气物理学（aeronomy，来自希腊语，表示研究空气）。悉尼·查普曼（Sydney Chapman）创造了这个名字，现在它被用来描述空间物理学中研究行星的高层大气的领域，其中离子化和解离（分子的分离）很重要。

5.10 问题与思考

1. 地球电离层的光致电离量取决于许多因素，忽略传输（电离气体从一个地方到另一个地方的运动），决定电离层光致电离量的最重要因素是什么？

2. 热层温度可达 2000 K，为什么宇航员在太空“行走”时不会被煮熟？

3. 如果大气层的标高为 8 km，那么 100 km 处的空气密度是多少？

4. 大气阻力与密度成正比。在 100 km 的高度上，大气阻力在一个太阳周期内会如何变化?

5. 太阳耀斑发出大量的紫外线和 X 射线辐射，这会对日侧电离层产生什么影响?

6. 如果地球的直径只有原本的一半大小，地球的垂直密度结构会发生怎样的变化? 如果地球是原本的两倍大呢?

7. 重新进入地球大气层的卫星会遇到无线电通信中断，因为它前面的激波会产生等离子体。如果卫星的无线电频率为 100 MHz，那么无线电通信中断期间等离子体最低密度是多少?

第六章　太空风暴对技术的影响

无论如何，最后我想提一个在更遥远的未来可行的方案——也许要等半个世纪。

与地球距离合适的“人造卫星”能够每 24 小时旋转一周，即它将相对地面一点保持静止，并处于地球表面上近一半的光学可测范围内。使用三个中继站，并在合适的轨道上相距 120°，卫星就可以覆盖整个地球以提供电视和微波信号。恐怕这个设想不会对我们的战后规划人员有丝毫的用处，但我认为这是解决问题的最终办法。

——亚瑟 C.克拉克（Arthur C. Clarke），给编辑的信，*Wireless World*，58，1945 年 2 月（使用地球同步轨道卫星进行全球通信的第一个建议。1965 年第一颗地球同步卫星发射，这一预想在 20 年内实现了）。

6.1　关键概念

- 大气阻力（atmospheric drag）
- 对卫星的辐射效应（radiation effect on satellites）
- 无线电波传播（radio wave propagation）
- 法拉第电磁感应定律（Faraday's law of induction）

6.2　导　　言

太空天气对人类和技术有着广泛的影响。如果受到强烈的辐射，航天器会被破坏甚至瘫痪，宇航员则会因此生病甚至死亡。来自卫星到地面通信和导航系统[如全球定位系统（GPS）]的电波信号会直接受空间环境条件变化的影响。更令人担忧的是，许多地面系统，如输电电网和管道，以及固定电话通信网络，如跨洋光缆，也容易受到太空天气的影响。彩图 9 显示了太空天气可以影响的各种事物，包括宇航员和商业航空公司的机组人员及乘客，以及大量的卫星和无线电通信设备。本章将描述太空天气如何影响这些系统，并描述太空天气相关故障可能对技术和社会产生的影响。

6.3　卫 星 轨 道

我们已经越来越依赖空间技术，如利用卫星进行广泛的地球观测（如天气）和通信（数据、语音、电视和无线电）。卫星技术正运用于许多日常活动。您每天都可能至少使用了一颗卫星。如果您观看了有线电视或卫星电视，收听了全国联合广播节目，跟踪了快递服务给您运送的包裹，或在加油站或大型零售商店使用了信用卡，那么您就使用到了它们。为了支持这些服务，有数百颗卫星正在绕地球飞行。这些卫星处于各种轨道，这意味着每颗卫星都有环绕地球的独特路径。有些卫星轨道（satellite orbit）更靠近地球，另一些卫星离地表很远。轨道的选择取决于卫星运行的目的。根据卫星运行在地球上空的高度将卫星的轨道划分出四个主要类别。它们是低地球轨道（low-Earth orbit, LEO）、中地球轨道（middle-Earth orbit, MEO）、高地球轨道（high-Earth orbit, HEO）和地球同步轨道（geosynchronous orbit，GEO）。图 6.1 显示了这四个主要类别的示例轨道。低地球轨道卫星通常是圆形轨道。圆形轨道意味着卫星与地球表面的距离在整个轨道上没有太大变化。许多卫星都有椭圆轨道，这意味着卫星在绕地球运动过程中会循环地靠近（近地点）和远离地球（远地点）。

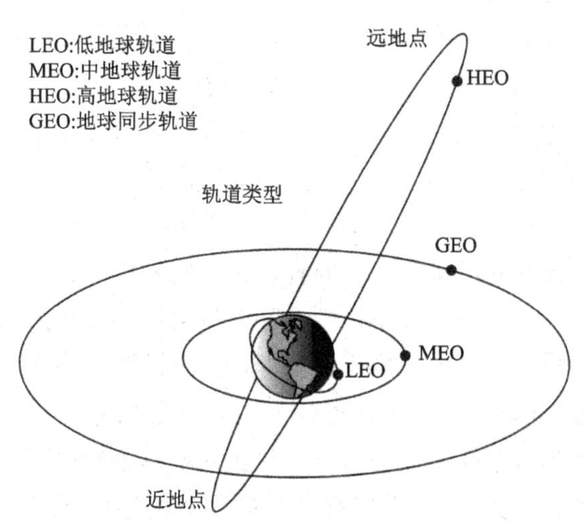

图 6.1　环绕地球的四类卫星轨道

在轨道动力学中，卫星到达距离地球最远的地方称为远地点，而最近的点称为近地点。LEO 卫星的轨道从几百千米到几千千米不等。LEO 轨道有许多优点。

首先，它是最容易进入且发射成本最低的轨道。将数百或数千千克的物体送入轨道需要大量的能量（因此十分昂贵）。根据卫星的大小，使用相对较小的火箭就可以到达 LEO 轨道。虽然这些运载火箭耗资也达数千万美元，但仅是将一些卫星送入更高轨道所需的大型火箭的约十分之一。LEO 轨道的另一个优点是它离地球很近，这意味着通过搭载小型望远镜就可以看到地球表面相当多的细节，而且低功率无线电发射器可以很容易地将信号传回地球。因此，LEO 轨道是许多地球观测卫星的所在轨道[比如那些向谷歌地球（Google Earth）提供图片的卫星]。然而，LEO 轨道有几个重大缺点，与太空天气相关的是，由于和稀薄大气层之间的摩擦，高度越低，航天器受到的**大气阻力**就越大。摩擦力导致航天器高度下降，将其拽入更稠密的中性大气层（参见描述大气垂直结构的第五章）。增大的密度导致阻力增加，使卫星进入更低更稠密的大气层。最终，如果没有用强效的隔热材料保护，摩擦会加热卫星使它开始变形或在大气层中“燃烧”。高度小于 200 m 的卫星寿命通常只有数小时（一两个完整的轨道周期）。航天飞机和国际空间站的飞行高度通常在 280—460 km 之间。它们都有推进系统，使它们能够持续提高轨道高度，防止过早地再入大气层。而几乎所有其他 LEO 轨道卫星都没有提升轨道的能力。因此，航天飞机必须定期与卫星对接（如**哈勃**[①]望远镜），以提高卫星的轨道，否则卫星最终将在大气层中燃烧殆尽。卫星的寿命主要取决于其初始高度和高层大气密度以及卫星的横截面积。

正如第五章所讨论的，大气密度在太阳活动极小期和太阳活动极大期之间变化很大，因此卫星的寿命也取决于卫星的发射时间。太空风暴可导致 LEO 轨道卫星的轨道高度（以及寿命）发生快速变化。1989 年 3 月的强太空风暴导致数以千计的空间物体（包括数百颗运行中的卫星）降低了数千米的高度。在这场风暴中，一颗卫星降低的高度超过 30 km（因此它损失了很大一部分轨道寿命）。

轨道的大气衰减过程已得到广泛研究，因为它是影响卫星寿命的主要因素之一，并且在失控状态下重返大气轨道的大型卫星可能会坠入人口密集地区。大多数卫星都足够小，它们会在大气层中完全燃烧，无法到达地面。然而，来自大型卫星的碎片（如 1979 年 7 月坠入地球的天空实验室 Skylab 碎片）可以在重返大气层后保留下来并到达地面。这类似于一颗进入地球大气层的大型流星，如果撞击市区，可能会产生悲剧性的后果（视碎片的大小而定）。大型卫星设计有推进能

① 埃德温·鲍威尔·哈勃（Edwin Powell Hubble, 1889—1953 年），美国天文学家，他的工作证实了星系的存在以及宇宙正在膨胀。他是通过观察星系从地球后退而发现的，它们的后退速度与它们与我们的距离成正比。这被称为哈勃定律。第一个在轨光学太空望远镜是以他的名字命名的。

力，因此它们的再入可受到控制。许多卫星进入了地球大气层并有碎片到达地表，但是通过在卫星寿命结束时的操作，碎片会落入远离人口中心的海洋中。于 2010 年完工，将来可能退役的国际空间站（International Space Station, ISS）就是这样设计的。美国国家航空航天局（National Aeronautics and Space Administration, NASA）计算出，在太阳活动极大期的条件下，ISS 每天降低 400 m 的高度（每年约 146 km）。在太阳活动极小期，每天仅降低 80 m 高度（每年约 29 km）。因此，如果没有航天飞机的定期造访和助推，国际空间站将比较迅速地进入地球大气层。由于国际空间站太大，大块碎片将再入并撞击地表。因此，在国际空间站在轨运行的最后时间，需要对其进行仔细监测和控制，以确保碎片无害地降落在远离人口中心的地方。

6.4　对卫星的辐射效应

中地球轨道（MEO）、高地球轨道（HEO）和地球同步轨道（GEO）卫星没有显著的大气阻力效应，但它们也面临各自的太空天气问题。其中包括航天器充电和高能辐射剂量效应。这些轨道上的卫星至少有一部分轨道穿越了范艾伦辐射带（见 4.4 节），其中存在被束缚的高能粒子，这些粒子会严重损害或破坏敏感的电子元件。**对卫星的辐射效应**是多种多样的，其中包括表面充电、深层介质充电、单粒子翻转效应和紫外线导致的太阳能电池阵列的退化。下面详细描述这些影响。

6.4.1　表面充电

表面充电（surface charging）是由航天器与空间低能电子环境之间的相互作用引起的。身处太空的卫星将受到带正电和带负电的粒子的影响。如果正电荷和负电荷的转移量不相等，就会存在净余电荷。除了带电粒子撞击，具有足够能量的光子还可以通过光电效应将电子从导电介质表面释放出来。这些过程通常使得航天器充满电荷，类似于在地毯上摩擦脚就可以带上静电的过程。航天器的部件（如太阳能电池板或航天器主体）由不同的材料制成，这些部件可能会充电到不同的水平，最终导致放电（电火花），从而带来严重后果。如果卫星携带着灵敏的光学仪器，电火花可能会因其明亮的闪光使探测器过载而损坏探测器。另一个影响是，如果放电发生在敏感电子设备上，则该组件可能会损坏或“炸毁”。为了防止这种情况发生，设计卫星的电路时必须格外小心。尽管已经做了精心设计，大量卫星还是经历了由太空天气引起充电效应而导致故障的过程。

6.4.2　深层介质充电

深层介质充电（deep dielectric charging）和放电是航天器电子元件遇到的最常见的灾难性问题。范艾伦辐射带中的相对论电子具有足够的能量穿透航天器，并将电荷沉积在构成卫星电子“大脑”的电路板的绝缘材料（或介电材料）中。电荷累积到一定程度会导致介电材料不再绝缘，电荷可以通过电路板上的这些新通路流动，导致短路。图 6.2 显示了一块经历过介电击穿的塑料，它与电子电路板中使用的塑料类似。如果其中包含电子电路，它们就会被损坏。卫星设计者试图通过用厚厚的铝盖或底盘屏蔽敏感部件并小心地将电路板接地（译者注：也就是与卫星平台相连）来消除这种影响。

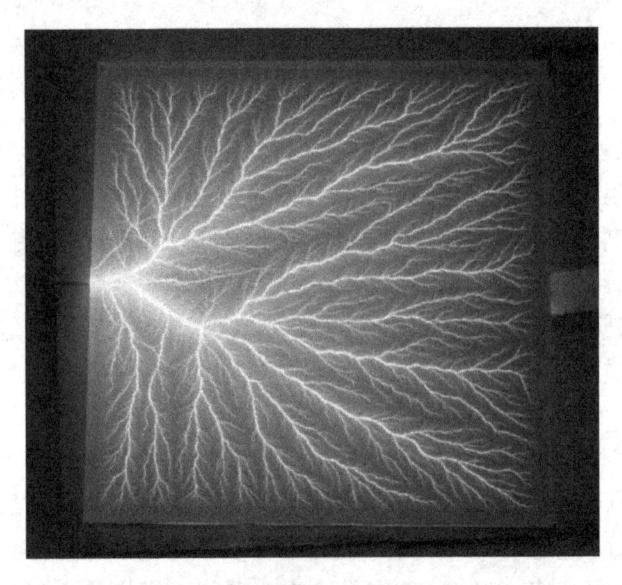

图 6.2　塑料片（类似计算机中印刷电路板使用的材料）暴露在强电场中的后果

树枝状特征是由于介电击穿而导致的材料缺陷[获得伯特·希克曼（Bert Hickman），Stoneridge Engineering 公司使用许可，www.teslamania.com]

然而，因为发射费用太高，他们必须尝试将航天器设计得既能够承受穿透辐射，又要尽可能质量轻且体积小。因此，为了找到在卫星预期寿命内适合环境的最佳屏蔽厚度，需要进行商业研究。这类似于在佛罗里达州设计一个海滨别墅。预计房屋在其生命周期内可能会受到 3 级飓风的影响，因此要将其设计为能够承受非常强的风。但不会建造承受极强的风（比如 5 级飓风）的房子，因为你不想住在混凝土掩体里，也不想为需求之外的重型建筑买单。从本质上讲，你正在进行一项商业研究——各种类型风暴发生的可能性有多大？我能负担得起多少钱？房屋防飓风的要求如何影响其设计？建筑师将尝试优化结构，基于风险预测尽可能利用可用资源设计出最好的房子。

6.4.3　单粒子翻转效应

单粒子翻转效应（single event upsets）是由穿透离子“启动”电路所致。由于离子携带电荷，探测器、开关以及电流电压调节器会观察到电荷脉冲。这可能会导致开关或计算机内存某一硬件单元的记录发生“翻转”（如由 0 变 1 或由 1 变 0），从而会打开、关闭开关或以其他方式向航天器发出意外信号。这些虚假命令可能会产生灾难性的影响。例如，在逻辑电路中发生的单粒子翻转事件可能触发启动卫星推进器的虚假命令。在地面控制人员弄清楚发生了什么之前，所有的燃料可能都已消耗掉，卫星的使用寿命基本上结束了。

6.4.4　太阳紫外线导致材料退化

太阳紫外线导致材料退化（solar ultraviolet material degradation）。太阳紫外线（ultraviolet，UV）辐射在太空中比在地球表面强烈得多。大气中的臭氧层和氧气是紫外线（以及 X 射线和伽马射线）非常有效的吸收器，因此大多数电磁辐射被屏蔽，地球表面由此受到保护。如果没有这种大气屏障，地球上的生命将会大不相同，因为紫外线会损害活细胞。除了破坏生物体外，紫外线还可以降解某些材料，特别是塑料和其他有机材料。紫外线也会导致太阳能电池退化，加上高能粒子冲击（太阳能电池退化的主要驱动因素），紫外线可以降低太阳能电池板的效率。卫星设计者通常放置比任务所需面积大 25%的太阳能电池板，因为在卫星的寿命内，阵列的效率通常会降低。单个太阳风暴会使太阳能电池的效率降低几个百分点，因此在一次风暴中，卫星的寿命会缩短一年以上。在卫星、空间站以及未来月球和火星上的载人前哨基地的材料选择上，需要考虑到紫外线照射的增强，这限制了可用的材料类型，特别是不能使用有机聚合物和塑料。

6.5　无线电通信和导航受到的影响

太空天气风暴会改变电离层的密度分布。由于**无线电波的传播**取决于波所通过的介质，随时间变化且在空间上不均匀的电离层会严重扰乱和削弱地对卫星和卫星对地的通信。这会对各种系统产生严重影响，对高频（HF）无线电通信和全球定位系统（GPS）尤甚。

6.5.1 高频无线电通信中断

高频（HF）无线电用于船对岸和船对船通信，以及在商业航空公司用于空对地和地对空通信。这个无线电频段也深受无线电业余爱好者的欢迎。高频无线电频率在 3—30MHz 之间。电离层可以反射这些频率的电磁波，因此，通过将信号从离地球几百千米的电离层反射，可以进行远距离通信。这种被称为“天波”的现象使超视距通信成为可能，也是马可尼在 1901 年首次进行跨大西洋无线电通信的方式（见图 5.3）。这个频段的好处——它可以与电离层相互作用以进行远程无线电通信——也是它的问题。由于电离层在空间和时间上变化很大，高频无线电通信可能严重衰减，甚至因各种因素而无法工作。其中许多因素与太空天气有关，包括太阳活动（以及太阳黑子周期）和地磁活动（特别是极光）的数量。

高频无线电传播取决于电离层密度。电离层密度受光照和地磁活动的影响。高频无线电因太空天气导致的衰减对跨极区航空飞行的影响特别大。在大型磁暴期间，高频无线电通信在两极无法进行。因此，依靠高频无线电通信的商业航空公司必须根据太空天气预报来安排航班时刻表。由于其高频无线电通信能力受到影响，航空公司会在大型磁暴期间重新安排跨极地航班。

由于高频无线电通信可能遭受严重影响，许多用户转而使用卫星电话通信（使用更高频率的无线电波），同时将高频无线电作为备用系统。然而，由于卫星通信成本相对较高，大量工业从业人员和政府（海事、航空和军事）工作人员仍然在使用高频无线电，这就难免要受到太空天气的影响。

6.5.2 全球卫星定位系统误差

全球定位系统（GPS）可以让用户准确定位他们在地球上的位置。该系统由超过 28 颗中地球轨道卫星组成，其排列方式可以确保在地球上的任何给定点上，在观测者的视野中至少有四颗卫星不受遮挡。这些卫星上装有原子钟并持续播报时间。带 GPS 接收器的地面用户可以接收此信号。通过比较卫星播报的时间和信号到达的时间，可以估计地面用户与卫星的距离（距离等于无线电信号的速度乘以信号从卫星到地面用户的时间）。通过三角定位法（使用三个独立的距离测量值确定对象位置的过程），可以估计用户的位置。由于用户没有原子钟，第四颗卫星用于获取准确时间，其他三颗卫星用于三角定位。无线电信号通过真空传播的速度是光速（在爱因斯坦著名的方程中为“c”）。然而，像无线电波这样的电磁信号通过介质传播的速度低于光速，这被称为折射，具有减慢和弯曲信号的效果。弯曲和减速的程度取决于信号的频率和介质的属性。当我们看着水，以及看到彩虹时，我们就正在体验这种现象（试一试这个实验：在玻璃杯里装满水，把稻草或铅笔放进水里。从空气和水的边界的某一侧观看，稻草或铅笔会发生什么情况？）。对于等离子体，决定电磁波传播效果的属性是密度。因此，由于稠密的电离层，来自 GPS 的无线电信号会减慢。GPS 系统试图通过使用电离层密度的估计值或模型来求解这种延迟问题。对于典型的手持式单频 GPS 测量仪器，由于电离层模型和真实电离层之间的差异，通常会出现 50 m 量级的位置误差。这听起来并不多，但如果使用 GPS 来驾驶飞机，偏离跑道 50 m 会造成大不相同的结果。

6.6　地面系统受到的影响

地面上的许多技术系统容易受到太空天气的影响。在一次大型磁暴中，大的时变电流流入并穿过电离层。这些电流可以诱导地面上的长导体（如电线、电话线和管道）感应出电流。这些地面系统中的诱导电流可能会使电气部件过载、发生故障，或者通过增强腐蚀过程来降低基础设施的使用寿命。这些诱导电流背后的主要原理被称为**法拉第**[①]**电磁感应定律**。这是一种物理关系，描述了随时间变化的磁场如何在导体中感应出电流和电压。电可以用电流或电压来描述，它们通过欧姆定律相关联。在太空中，电流流入并穿过电离层。这些电流在磁暴期间增强，并发生到低纬度地区。随时间和空间变化的电流产生随时间变化的磁场。根据法拉第电磁感应定律，这种随时间变化的磁场可以在长导体中感应出电压。电线是良导体，设计用于长距离传输电信号。在地球上，我们有数百万千米的电线将建筑物和房屋与发电厂和电话公司连接起来。因此，这些电力和通信电网容易受到太空天气的影响。

6.6.1　电网

在过去的几十年里，发电和配电已经成为一个相互关联的大规模产业。美国华盛顿州水力发电系统生产的电力被运往加利福尼亚州。加拿大东部水力发电公司生产的电力可以越过边境为纽约的家庭供电。由于放松管制和这种新的互连性，系统漏洞增加了，电网某一部分的停电可以迅速波及其他区域。肆意生长的树枝穿过俄亥俄州高压线引发了 2003 年的停电，从底特律一直延伸到纽约市，使约 5000 万人处于黑暗之中。1989 年 3 月，一场严重的磁暴导致魁北克的变压器超载，

① 迈克尔·法拉第（Michael Faraday，1791—1867 年），英国物理学家和化学家，他发现的电磁感应定律促成了发电机和变压器的发明。

从而迅速导致整个系统的崩溃。变压器暴露于磁暴产生的感应电流超过其设计容量并熔化（参见彩图 10）。变压器可以将高压小电流电力转换为低压大电流电力。远程输运高压电效率更高，但家用电器需要大的电流。因此，电力系统以高压将电力从发电厂输送到用户，位于用户附近的变压器将电力转换为有用的家庭或工业大电流电力。如果变压器获得的电压超过其设计电压（例如磁暴期间增强的电离层电流引起的感应电压），则可能会发生故障。因此，电网运营商必须查看地磁或太空天气预报，并在磁暴期间减少其系统的负荷。当然，如果在用电量高的热浪或寒流期间发生磁暴，运营商可能无法灵活处理这种情况，所以必须有计划地轮流“限电”，不然可能会发生灾难性停电。据估计，如果在下一个太阳活动极大期期间发生恰逢其时的磁暴（寒冷或热浪导致大量用电期间发生的大型磁暴），则可能会损坏或摧毁数百台变压器。因为变压器制造成本高昂且库存有限，更换它们可能需要数年时间。

6.6.2 管道

金属在暴露于各种环境中（如水分和空气）时会被腐蚀。如果电流流经金属，腐蚀程度会增强。如果让电流流过金属长管道，管道可能容易受到加剧的腐蚀。

将天然气和石油从其产地输送到低纬度地区的管道遍及整个北极地区。例如，跨阿拉斯加输油管道将原油从阿拉斯加北边的普拉德霍湾输送到阿拉斯加南海岸的瓦尔迪兹镇，穿越了近 1300 km（约 800 mile）的距离。在瓦尔迪兹，石油被装载到超级油轮上，运往加利福尼亚和其他地方的炼油厂。管道位于极光卵（极光椭圆区）下方，这与通常由于地磁活动而出现的最大电离层电流区域相吻合。这些随时间变化的电离层电流会在管道中感应出大电流。阿拉斯加的管道是专门接地的，以最大限度地减少这种影响，但整个北极地区的许多管道都没有这样处理。因此，由于太空天气的影响，它们的使用寿命会缩短，泄漏的可能性会增加。

2006 年普拉德霍湾石油生产线的中断主要是由于严重的管道腐蚀，而极光活动引起的电流可能加剧了这种腐蚀。

6.7 补充材料

6.7.1 开普勒定律和重力

约翰内斯 · 开普勒（Johannes Kepler）利用第谷 · 布拉赫（Tycho Brahe）提供的非常准确的夜空中行星位置的相关数据，推导出了行星运动的三个定律，这些定律准确地说明了行星围绕太阳运动的位置。在开普勒之前，行星的位置是由托勒密的行星运动模型描述的。因为这（托勒密模型）是太阳系的地心模型（地球处于中心位置），它需要各种几何和数学技巧来描述行星的位置。它被接受是因为将地球（以及人类）置于宇宙中心具有强烈的历史和宗教动机。开普勒定律是基于地球绕太阳运行而不是相反的假设。开普勒定律的成功敲响了以地球为中心的行星运动模型的丧钟；它们提供了一些当时最有力的证据来支持哥白尼的日心说模型。三项定律中的第一个指出，行星以椭圆轨道运行，太阳位于其中一个焦点。椭圆就像一个压扁的圆圈（类似于卵形），它的两个焦点位于连接最远边缘的长轴上。这个长轴被称为主轴。焦点的位置取决于连接最接近的边缘的轴的长度，这称为短轴。椭圆压扁得越多，焦点离中心越远（关于椭圆，请参阅图 6.3）。

第二定律指出，太阳和围绕其椭圆轨道上的行星之间的连线将在同等时间内扫过相等的面积。这意味着，当行星在其轨道运行时，它会加速和减速，这个过程取决于它是在其轨道上向离太阳最近还是最远的点运行。当行星离太阳最近时，它处于近日点，运动速度较快。当它离太阳最远时，它处于远日点，运动速度较慢。

第三定律指出，轨道周期（行星绕太阳运行一周所需的时间）的平方与行星和太阳的距离的三次方成正比（$T^2 = ka^3$，其中 T 是周期，a 是半长轴的长度，k 是比例常数）。如果周期单位以年为单位，距离单位为天文单位（AU），则比例常数等于 1。

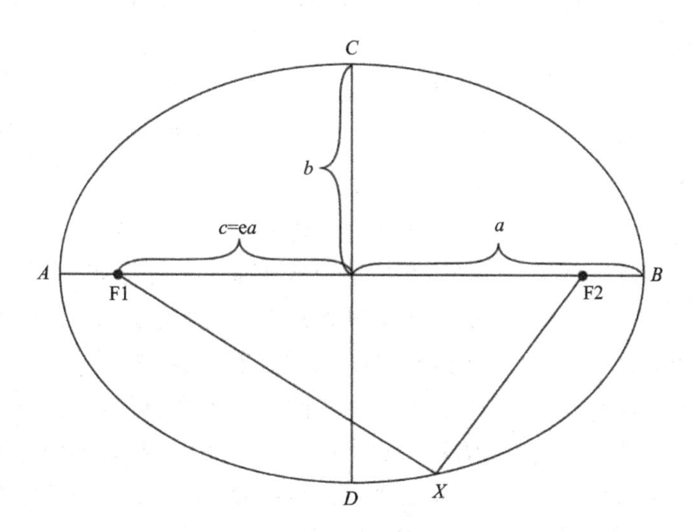

图 6.3　椭圆要素示意图

显示椭圆的主轴（点 A 和 B 之间）和短轴（点 C 和 D 之间）。F1 和 F2 是焦点。半长轴是“a”，而“b”是半短轴。椭圆度由“e”给出。“c”是焦距

例如，我们可以简单地通过求解来计算木星（距离太阳5个天文单位）完成一次轨道运行（一个木星年）所需的时间，只用简单求解：

$$T^2 = ka^3$$

$$T = \sqrt{a^3} = \sqrt{5^3} \approx 11.2 \text{（年）}$$

艾萨克·牛顿发展了引力理论来解释物体落到地球的运动，并用它来解释月球绕地球和行星绕太阳的运动。重力的主要概念是，两个物体间施加的吸引力（试图将彼此拉在一起）与它们的质量成正比，与质心之间的距离平方成反比。在代数上，这种力的大小被写成：

$$F_G = \frac{Gm_1m_2}{r^2}$$

其中G是万有引力常数，m_1和m_2是两个物体各自的质量，r是质心之间的距离。这种力的方向总是在质心连线上。大多数物体的质量分布在整个物体上（即地球的质量分布在球形地球的体积内）。然而，牛顿阐明，球形物体（如地球）的质量可以被认为是物体质心处的点质量（所有质量集中在一个点上）。质心是该物体质量分布的加权平均值所在的点。均匀球体的质心位于圆心，例如棒球或地球（近似情况下）。对于一本书来说，质心基本上是到每组平行边距离都相等的点。对于类似于棒球棒这样的物体，质量中心离球棒较粗的部分更近，但落在长轴线上。因此，一个人在地球上感受到的重力与地球的质量成正比，和人离地心距离的平方成反比。

对于一个物体系统，例如地球和月球，系统的质心满足这样的关系，一个物体的质量乘以其到质心的距离等于另一个物体的质量乘以它到质心的距离。代数式可以表述为：

$$m_1d_1 = m_2d_2$$

图6.4示意性地显示了这种关系。这通常被称为“跷跷板”方程，因为它描述了在这个游乐场设施上，您需要如何放置支点，以平衡不同质量的孩子。两个物体之间的距离是$d_1 + d_2$。对于地球-月球系统来说，质心在地球内部，这是因为地球的质量比月球的质量大得多。系统质心的另一个重要特征是：两个物体将围绕这一点互相绕转。牛顿的万有引力定律证实了开普勒定律，并为行星运动提供了物理解释。重力是决定行星（和人造卫星）轨道特性的力，根据这个相对简单的力学定律，可以非常高精度地预测行星的运动。

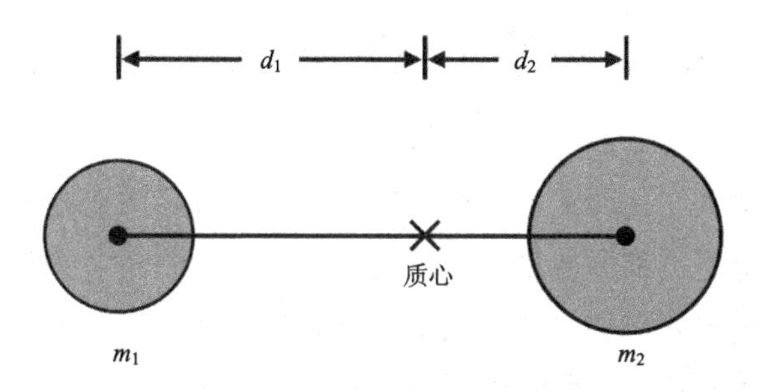

图 6.4　系统质心示意图

两个物体将围绕一个共同的质心运行，质心位置取决于物体的相对质量

6.7.2　电路中的电流和电压

世界大部分地区依赖现成且可靠的电力供应。从手机、电灯、电脑、电视、冰箱、暖气和空调、红绿灯到水泵等，几乎每个现代电器和系统都需要供电。如果没有廉价、现成的电力供应，生活是很难想象的。电能可以转化为机械能来运行风扇和压缩机，也可以为控制微处理器和收音机的电路供电。大多数商业电力是通过旋转大型涡轮机（主要是扇叶）产生的，这些涡轮机通过一种称为电磁感应的效应将旋转扇叶的机械能转化为电能。电磁感应是因磁通量变化产生感应电动势的现象。法拉第的电磁感应定律在数学上描述了这种现象。涡轮中的扇叶片可以是旋转的磁铁，涡轮机周围环绕着许多线圈。通常蒸汽通过涡轮叶片，导致涡轮叶片旋转（这个系统本质上是一个蒸汽机）。蒸汽由燃烧煤、天然气或石油而烧开沸水后产生。核电厂利用原子裂变产生的能量来烧开水。水力发电厂使用湍急的水流代替蒸汽来旋转涡轮机（水轮）。

由于大多数发电厂都是大型工业场所，电力必须从发电厂（通常远离居民区）输送给用户。电力以交流电（alternating current, AC）的形式通过很长的输电线传输。交流电是以正弦方式振荡的电。在美国，交流电的振荡频率为60Hz。交流电不同于直流电（direct current, DC）或恒定电流。直流是一种稳定状态（不会随时间而变化）。电池产生直流电。电力可以用两个主要变量来描述——电流和电压。它们与电流流过的材料的电阻相关联。电阻本质上是衡量电流流动难易程度的指标。金属和水的电阻非常低（电流容易流动），而木材、橡胶和空气的电阻较高（电流难以流动）。这种关系，称为**欧姆**[①]定律，即**电压**[②]等于电流乘以电阻：

$$U = IR$$

流经电线的电流（比如从数百千米外的发电厂流到您家的电力）的一种特性是：由于电线的电阻，部分能量会加热电线。导线中的耗电量取决于电线中流动的电流。烤面包机内的电加热丝是高电阻线，其中有大电流流过。电流使电加热丝发出热量并烤熟面包。对于输电线路，我们希望使电阻尽可能低，同时使电流尽可能低。因此，发电厂将电力转为高压低电流的交流电沿输电网送出。在它到达您家之前，一种称为变压器的设备将其转换为电器、计算机和照明所需的低电压大电流源。由于电力是以低电流传输的，因此传输线发热引起的能量损失被最小化了。法拉第电磁感应定律是发电机和变压器背后的原理，可以将电压从高变低或从低变高。变压器可以承载的电压和电流大小取决于其结构。通常变压器和输电电网在其峰值容量附近运行。如果在用电高峰期发生大型磁暴，系统可能会过载，变压器可能会被破坏。

6.8 问题与思考

1. 描述太空天气如何影响航空公司。

2. 航天员在 300 km 高空的轨道上的轨道周期和速度是多少？卫星在地球同步轨道（r=6.6 R_E）上的轨道周期是多少？如果月球距离地球中心 60 R_E，那么它绕地球运行一周需要多长时间？[使用 k = 1.69 和开普勒的第三定律，周期（T）以小时为单位，半长轴（a）以 R_E 为单位]。

3. 地球电离层的临界频率，从中午到午夜是如何变化的？

4. 卫星的轨道类型（LEO、MEO、HEO 或 GEO）取决于其用途。LEO 和 GEO 在通信和地球观测方面有什么优点和缺点？

5. 极光亚暴产生数百亿到数千亿瓦特的电能。为什么不利用这些能量？（提示：计算单位面积的功率，并将其与太阳在地球 1 m^2 提供的功率进行比较）

---

① 乔治·西蒙·欧姆（Georg Simon Ohm，1789—1854 年），德国物理学家，他通过仔细实验和量化电线中的电流，推导出了电的理论解释。SI 单位制中的电阻（ohm）和电导率（电阻率的倒数，称为 mho，他的名字倒过来拼写）以他的名字命名。

② 亚历山德罗·朱塞佩·安东尼奥·阿纳斯塔西奥·伏打（Alessandro Giuseppe Antonio Anastasio Volta，1745—1827 年），意大利物理学家，他发现如何利用化学能发电并制造了第一个电池。SI 单位制中的电势或电动势（伏特）以他的名字命名。

6. 从约 1 万 m（商业客机的典型高度）的高度，你能看到多远（或视距无线电通信可以走多远）？将其与海洋或极地区域的大小进行比较。

7. 地球-月球系统的质心在哪里？（$m_{地球} = 6\times 10^{24}$ kg; $m_{月球} = 7\times 10^{22}$ kg; 地球和月球之间的距离 = 385 000 km）。

8. 地球上某人受到太阳的万有引力是多少？这与月球的引力相比如何？地球呢？站在 0.1 m 外的另一个同学呢？

第七章　在太空生活的风险

“天啊，太空是有放射性的！”厄尼·雷（Ernie Ray）看到“探险者 1 号”传回的数据后感叹道。探险者 1 号是 1958 年美国发射的第一颗卫星，其探测到的辐射是范艾伦辐射带中的空间辐射。

——引自 Hess（1968）

7.1　关键概念

- 大气层和磁层的保护作用
- 辐射的类型——电磁辐射和微粒辐射
- 雷姆 rem（人体辐射当量，1 rem=10^{-2} Sv）

7.2　导　　言

地球上的生命已经存在了超过 35 亿年，有其起始，也终有一天会消亡。地球上生命可以延续的最长时间大约是 40 亿年，不过一些大灾难也许会在更短的时间内发生（其中一些将在第八章中讨论）。在约 40 亿年后，我们的太阳将耗尽核燃料，进入恒星演化的红巨星阶段，它会膨胀并可能超过地球如今的轨道，将水星、金星和地球全都蒸发。人类想要在地球终结前生存下去，就必须发展出能够转移到另一个星系的技术能力。如今人类已经试探性地迈出了离开地球的第一步，我们经常把宇航员送入近地轨道，而美国和中国计划在相对不远的将来在月球和火星上驻扎人员。然而，太空旅行的技术壁垒依然是令人生畏的——甚至有人说是不可逾越的。

在地球表面，我们受到**大气层和磁层的保护**，免遭来自太阳和外太空致命的电磁和高能粒子辐射。而一旦我们离开地球大气层和磁层形成的保护茧，我们就不得不带上类似的保护，因为我们的身体难以承受极端的温度、极端的辐射、极致的真空以及太空中高速微流星体的撞击。本章描述了太空环境如何影响生物（尤其是人类），以及我们目前为了在月球和火星表面乃至最终在另一颗恒星周围生活和工作所做的努力。

7.3 辐　射

辐射（radiation）有两种类型——**电磁辐射（electromagnetic radiation 或 EM radiation）和微粒辐射（corpuscular radiation 或 particle radiation）。**电磁辐射由被称作光子的无质量（纯能量）粒子组成。光子也表现出波的性质，因此它们有相应的波长和频率。波长是指两个相邻波峰（或波谷）之间的距离，而频率表示波峰（或波谷）每秒经过某一点的次数。整个电磁波谱从长波长到短波长依次为无线电波、微波、红外线、可见光、紫外线、X 射线和伽马射线。图 2.7 给出了整个电磁波谱的示意图。光子以不同的能量存在，无线电波的能量最低，伽马射线的能量最高。能量和频率之间有一个简单的关系：

$$E = hf$$

其中，E 表示能量，h 表示普朗克常量，f 表示频率。频率和波长与电磁辐射的传播速度(即真空中的光速)相关,其关系为 $\lambda f = c$，其中 λ（希腊字母，音 lambda）表示波长，c 表示光速。

无线电波的波长最长，频率最低，能量最低，而伽马射线的波长最短，频率最高，能量最高。可见光由多种频率组成，我们将不同的频率感知为不同的颜色。可见光中红色光的波长最长，对应能量和频率最低，而紫色光的波长最短，对应频率和能量最高。

太阳的电磁辐射中大部分是可见光，但基本上所有波长的光都会发射出来。由于大气层的吸收和反射，大部分辐射无法到达地面，特别是像紫外线和 X 射线这样的高能光子。然而，在太空中没有大气层的保护，我们就会受到完整强度的太阳光照射。

微粒辐射或者说粒子辐射主要是由亚原子粒子（质子和电子）、原子粒子和分子粒子组成。一个天然背景辐射环境不仅仅来自太空，也有来自地球的成分。许多元素都是有放射性的，这意味着它们自发地通过释放不同类型的辐射从一种元素衰变到另一种元素。**居里夫人**[①]因其对放射性衰变过程的研究而获得诺贝尔物

① 居里夫人（Marie Curie，1867—1934 年）和皮埃尔·居里（Pierre Curie，1859—1906 年），居里夫人是一位波兰裔法国物理学家，她和她的丈夫与贝可勒尔共同获得 1903 年诺贝尔物理学奖，以表彰他们在理解放射性方面的工作。居里夫人继续研究放射性的化学和医学应用，并因此获得了 1911 年的诺贝尔化学奖。以他们的名字命名的放射性单位（居里- Ci）等于每秒 3.7×10^{10} 次衰变。

理学和化学奖，在这些衰变过程中，电磁辐射和微粒辐射都能被释放出来。α射线（氦核）和β射线（电子）是两种常见的放射性衰变副产品，它们也是太阳风和宇宙射线的一部分，不过它们来自氦和其他气体的电离，而不是放射性衰变。

电磁辐射和微粒辐射都可以是电离辐射，也就是说，只要它们携带的能量足以电离一个原子或分子，那就属于电离辐射。在生物学中，这种辐射也可以与活细胞相互作用，破坏或摧毁细胞本身和细胞内的DNA。细胞主要由水和氢、碳、氮、氧以及少量磷和硫组成，微粒辐射和高能电磁辐射可以移除这些原子中的电子，即电离这些原子，这会极大地改变它们以及由它们组成的分子的化学反应活性（指原子或分子与另一个原子或分子结合或参与化学反应的概率或可能性）。受到电离的原子或分子会以一种对生物体有害的方式与细胞发生反应。在不同的辐射类型和强度下，生物体的健康会受到各种各样影响，对人类来说，可能会引发的症状包括白细胞计数减少、恶心、脱发、癌症甚至立即死亡。对辐射最敏感的细胞包括白细胞和制造白细胞及红细胞的细胞，因此，辐射暴露会对人体的免疫系统产生重大影响。辐射的强度是非常重要的——不仅是绝对数量，能量也同样重要。高能的粒子可以撞击大量分子，从而引起显著的电离。而高能的电磁辐射与生物组织的反应不同于高能粒子，电磁光子在一次相互作用中就会失去所有的能量，这与高能粒子失去能量的方式相反，高能粒子是通过与大量分子碰撞而失去它们的能量。然而，电磁辐射（尤其是X射线和伽马射线）可以产生次级电子和光子，然后它们又可以与附近的原子相互作用，产生更多的次级电子和光子。以上两个过程中，粒子辐射与活体组织的相互作用被称为直接电离辐射，而包含电磁辐射的过程被称为间接电离辐射。

与这两种辐射发生作用的另一种可能结果是，辐射并没有使原子电离，而是将外层的电子撞到更高的能级，从而产生所谓的自由基。自由基具有高度的活性，可以破坏周围的分子。由于生物组织大多含有水分子，产生的最常见的自由基之一是激发态氢氧化物（OH*，*是用来表示其处于激发态的符号。这与第五章关于极光和光化学中讨论的用来表示受激原子或分子的符号相同）。氢氧根是一种强氧化剂，能在活细胞中引起异常的化学反应。

自由基会使细胞膜破裂，造成细胞的破坏。而如果足够多的细胞（白细胞和红细胞、内脏细胞等）被杀死，与之相关的生物功能就会丧失。器官功能的丧失，或者身体免疫系统关闭（白细胞数量减少）导致的严重感染，都会造成死亡。辐射破坏活细胞的另一种方式是通过与复杂分子的直接作用，如蛋白质和核酸（构成了遗传DNA），辐射会破坏DNA链或蛋白质，使其无法正常工作。DNA有自我修复的能力，而且由于许多遗传密码是高度冗余的，少数位点的损伤是无害的。

然而，如果辐射强度足够大，活细胞的自我修复能力可能会不堪重负，最终形成永久性损伤。这种损害可能导致癌症、后代基因突变或细胞功能下降。

生物系统暴露在辐射下的结果取决于辐射的类型（粒子或电磁）、辐射的能量、辐射的量和暴露的时间。对于人类来说，不同类型的辐射对不同器官的影响是不同的，男性和女性对辐射的敏感性也存在差异。大多数电磁辐射对人类是无害的，尽管高能电磁辐射（紫外线、X 射线和伽马射线）可能是危险甚至是致命的。大多数人都有过医疗 X 光的经历，一般在看牙医的时候会用到。当 X 光机打开时，牙医会离开房间。之所以采取这种预防措施，是因为 X 射线照射可能对活体组织造成长期损害，而且 X 射线的穿透能力很强。我们还知道，当我们在太阳下，要涂防晒霜并且戴上帽子，防止晒伤，晒伤就是太阳紫外线辐射对皮肤的直接损害。过多地暴露在阳光下会导致皮肤短期疼痛和肿胀，也会带来长期的健康影响，如皮肤癌。每年约有 100 万美国人被诊断出患有非黑色素瘤皮肤癌，每年约有 2000 名美国人死于这种疾病。黑色素瘤则是最致命的皮肤癌，每年约有 8000 名美国人死于此疾病。这种癌症的直接原因就是紫外线对人体最大的器官——皮肤的损害。

关于辐射，可能存在的疑惑来自测量辐射有多少以及如何测量辐射对物质或生物的影响。一种描述辐射水平的方法是使用居里（Ci）和贝可勒尔（Bq）这两个单位。**亨利·贝可勒尔**[①]发现了自发的放射性衰变，居里夫妇对其进行了解释和测量。1903 年，他们三人因这项工作一起获得了诺贝尔物理学奖。Ci 和 Bq 衡量的是不同放射性物质（如铀）中每秒钟的放射性衰变数。这描述了放射源活动的性质，但没有说明辐射的类型或辐射对材料或生物系统的影响。

拉德 rad 和**戈瑞 gray（Gy）**[②]用于衡量特定材料吸收的能量。它们的单位是能量/质量或者说 J/kg，单位为国际单位制（SI）。希沃特 **sievert（Sv**，也称西弗）和**雷姆 rems（人体辐射当量）**用于测量所谓的剂量当量，它们考虑了不同类型和能量的辐射对人体组织的影响。希沃特的单位也是 J/kg。雷姆 rem 和希沃特 sievert 是估算辐射剂量和对人体的影响时使用的单位。

一个人暴露在越来越大剂量的辐射下会发生什么？一个复杂的因素是，相同程度地暴露于不同类型的辐射下会对生物产生不同的影响。1Gy 的 α 粒子（即氦

① 安东尼·亨利·贝可勒尔（Antoine Henri Becquerel，1852—1908 年），法国诺贝尔奖获得者，发现了放射性。以他的名字命名的放射性国际单位（Becquerel-Bq）描述了一定量的物质每秒钟的放射性衰变数（即 Bq 的数值越大，物质的放射性越强）。

② 路易斯·哈罗德·戈瑞（Louis Harold Gray，1905—1965 年），英国物理学家，对放射生物物理学（放射学）的发展起到了重要作用。国际计量单位（SI）辐射剂量（gray-Gy）是以他的名字命名的。

核，是放射性衰变的副产物，是太阳中含量第二多的离子）并不会与 1Gy 的β辐射（电子）或伽马射线辐射产生相同的效果，这是因为人体组织吸收各种辐射的方式不同。因此，在讨论辐射对人体的生物性影响时，人们使用希沃特或雷姆单位，因为这些单位考虑了不同类型辐射对活体组织影响的特性因素。

一般来说，一个生活在美国的人暴露在约 0.365 rem/a 的环境中，如图 7.1 所示，这种剂量有多种来源。最大的辐射源是镭的放射性衰变产生的天然氡气，而镭的来源是铀-238，这些自然辐射源存在于地壳中。氡本身的半衰期很短，会衰变成放射性的钋，钋是一种 α 辐射源。来自人体内自然存在的放射性同位素辐射提供了第二高的剂量。

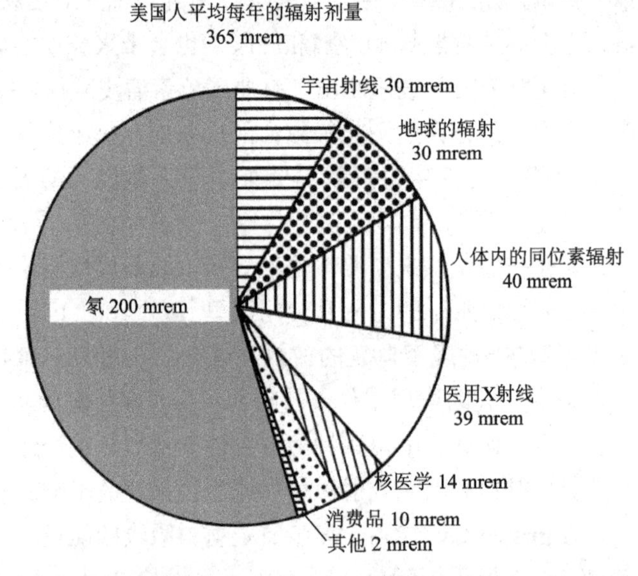

图 7.1　一个生活在美国的人会受到的辐射照射源的典型分布

辐射暴露的单位为毫雷姆（mrem, 0.001 rem = 1 mrem）（根据美国能源部的数据绘图）

暴露于高剂量的辐射中可导致急性辐射效应（在医学术语中，急性是指突发或持续很短时间，与慢性相反）。在 25 rem 的暴露水平下，白细胞计数（WBC）会发生细微的、难以察觉的减少。而在 50 rem 时，白细胞的减少就很容易被检测到了，其在数周后会恢复正常。白细胞是人体免疫系统的重要组成部分，因此，如果同时有其他疾病或感染，白细胞的减少将有可能导致人体死亡。在 75 rem 时，人体有十分之一的概率会产生恶心的症状。恶心是辐射病的一种症状，因为排列在肠内的隐窝细胞对辐射特别敏感，对这些细胞的破坏会引发恶心、呕吐和脱水。在 100 rem 时，人体有十分之一的概率出现暂时性脱发的症状。这两种症状（恶心和脱发）通常与癌症放疗有关，放疗的原理是利用辐射去穿透健康的骨骼和组织并破坏癌细胞的再生能力。尽管辐射是高度聚焦的，但它在影响癌变组织的同时也会损害周围的健康组织。在 200 rem 时，人体有 90%的概率出现放射病和轻度白细胞减少的症状。在 400 rem 时，人体有 50%的概率在 30 天内死亡，600 rem 会使大多数人在 3 到 30 天内死亡，而暴露在 10000 rem 以上对人几乎是立即致命的，人不到一天就会死亡。不幸的是，人类对这些高阈值辐射影响健康的了解，绝大部分都来自于对广岛和长崎的原子弹袭击以及 1986 年切尔诺贝利核电站灾难等后果的研究。

那么人类在太空中会经历哪些类型的暴露呢?一个在近地轨道上的宇航员，例如在空间站或航天飞机上，每天会接受大约 0.1 rem（相当于在 4 天内照射一个美国人的年平均剂量）。作为比较，胸部 X 光片的曝光量为 0.010 rem（10 mrem），因此，一名宇航员每天的暴露量相当于大约 10 次胸部 X 光检查。如果一名宇航员在太阳风暴期间进行太空行走，在近地轨道上的剂量可能会比正常背景高 10 到 1000 倍。因此，即使是在地球磁层的保护茧中，宇航员也需要关心太阳风暴。在月球和火星之旅中，大型太阳能量粒子事件会给未受保护的宇航员带来致命剂量的辐射。

在阿波罗登月任务期间，美国太空计划和参与其中的宇航员都很幸运。在 20 世纪 70 年代，人们对太阳的辐射效应还没有充分的认识。“阿波罗 16 号”于 1972 年 4 月发射升空。“阿波罗 17 号”（6 次登月中的最后一次）于同年 12 月发射升空。1972 年 8 月，有史以来测量到的最大的太阳质子事件之一发生了。据估计，如果宇航员在此期间在月球上行走，他们每人受到致命剂量辐射的概率为 50%。

除了急性辐射影响外，还有长期或慢性辐射暴露的影响，如癌症和后代的遗传缺陷。慢性辐射的影响通常发展缓慢，这种影响的潜伏期（表示时间阶段的医学术语）通常以年甚至是几十年的尺度来衡量。这些影响以照射总剂量来表征，照射总剂量就是在一定时间范围内接收到的所有辐射的总和。美国政府对从事辐射有关工作的人员所受的总辐射有年份和职业的限制。美国职业安全与健康管理局（Occupational Safety and Health Administration，OSHA）为那些在高辐射环境下工作的人，如辐射技术人员、航空公司飞行员、核电站操作员和宇航员，规定了这些限制。近年来，由于机场增加了对行李的 X 光检查，以及美国在邮件上使用电离辐射来中和炭疽等生物制剂，从事辐射有关工作的人数有所增加。

职业限制取决于性别和年龄，男性和年长的工人允许接触更高的剂量。发育中的胚胎和胎儿特别容易受到辐射影响，因此对妇女施加了更严格的暴露限制。对于一个 25 岁的女性，职业暴露剂量的极限是每年 100 rem。同样年龄的男性是每年 150 rem。而到了 55 岁，这些暴露剂量上限基本提高到原来的 3 倍。

一名在国际空间站待了三个月的宇航员所受的辐射剂量通常小于 10 rem。在月球表面的实验室里工作同样长的时间，暴露率也差不多。然而，这些暴露率不包括太阳风暴的影响或在太空行走中可能受到的暴露的影响。当宇航员处于航天器或月球基地的防护罩之外时，他们会格外脆弱。

在典型的背景辐射下，一个为期 3 年的火星任务（2 年往返飞行时间以及 1 年在火星表面）将使宇航员受到大约 100 rem 的辐射剂量。再者，由于一些太阳风暴，宇航员可能会暴露在致命剂量的辐射中。目前，为宇航员提供辐射防护是实现载人再登月和火星任务需要克服的最大技术障碍之一。

那么我们如何保护宇航员免受辐射呢？辐射穿透物质的能力取决于辐射的类型和能量。低能量的 α 粒子相对容易被阻止，一张纸或一件衬衫就可以阻挡住低能量的 α 粒子。高能粒子——尤其是高能电子——可以深入穿透大多数物质。宇宙飞船通常被设计成薄金属壁以减轻重量。国际空间站上的宇航员被要求在太空风暴期间前往空间站中心，以接受来自航天器结构的最大保护。有人提议让一块大磁铁和一艘宇宙飞船一起飞向火星，磁场会像盾一样屏蔽某些高能带电粒子。对于月球基地，有一项建议是建立地下实验室，让月球的“泥土”（风化层）起到屏蔽作用。

7.4 长期太空旅行的难题

除了辐射外，太空环境对人类的太空探索还有许多潜在的致命影响，这些因素包括空间的真空、微重力和微流星体。这些问题中的每一个都需要解决，以便人类在太空环境中工作和生活。

7.4.1 太空的真空

生活在海平面高度附近的人类承受的大气压强为 1 个大气压（atm）或 1 巴（bar），换算成国际单位制（SI）约为 100 000 帕斯卡（Pa）。大气的力量向下压在表面，这个压强相当于 1 N/cm^2。如果宇航员无保护地暴露在太空的真空（vacuum of space）中，除非能在大约 90 s 内获救，否则通常会死亡。大约 10 s 内他就会失去知觉。如果宇航员突然暴露在真空中，身体就会发生爆炸性减压（宇航员试图屏住呼吸时肺部破裂）。宇航员、飞行员和高空伞兵一般都会有几次快速减压的经历，快速减压的一个后果是减压病，这也是深海潜水员必须关注的问题。减压病是由血液和组织释放的气体引起的（类似于打开一瓶苏打水，二氧化碳气体本来在高压下溶解在水中，当你快速打开瓶子时，气体会从溶液中释放出来，导致水嘶嘶作响）。

在好莱坞流传着一个荒诞的说法（比如阿诺德•施瓦辛格的电影《全面回忆》）：如果你突然暴露在太空的真空中，那么你的身体就会爆炸，你的血液就会沸腾。实际上，虽然确实会发生一些危险状况，但不会那么戏剧化（除非它们发生在你或你的船员身上！）。由于组织中水蒸气的释放，你的身体会膨胀到正常体积的两倍（除非被压力服约束），动脉血压会在一分钟内下降，这会明显地阻碍血液循环。从肺部喷出空气后，由于气体的膨胀，不断释放的空气和水蒸气会使鼻子和嘴巴冷却到接近冰点。如果宇航员的宇宙飞船、宇航服以及月球或火星的栖息地被破坏，就会发生减压，死亡就会在 90 s 内降临，因此宇航服和栖息地结构在设计时必须包含能够防止或修复任何泄漏的特性。

7.4.2　重力降低

宇航员在太空旅行时面临的另一个生理问题是环境重力大大降低。在地球表面，我们受到 $9.8\ m/s^2$ 的加速度，地球的重力加速度写为 g。地球对其表面上的物体向下拉的力等于这个加速度乘以物体的质量（力 = 质量×加速度）。当我们测量一个物体由于其质量而对地球施加多大的力时，我们称这个力为“重量”，它也经常被称为重力。所谓过山车让你承受了 $4g$ 重力，就是指你受到的力是正常重力的四倍。当你离开地球时，地球产生的加速度减小，因为重力与两个物体之间距离的 2 次方成反比。此外，如果你在环绕地球的轨道上，由于你的运动（称为向心加速度），你会不断地加速，你和你的宇宙飞船一起向地球“自由下落”。因此，相对于你来说，周围的环境相当于没有重力，从某种意义上说，你变得“失重”了。如果你停在航天飞机的高度（大约 300 或 400 km），而不是在环绕地球的轨道上，重力（只比它在地球表面上的值下降 10%）会把你迅速拉回地球。在近地轨道上，宇航员处于微重力，因为他们环绕地球的速度如此之快，离心力抵消了重力，可以认为他们不断地体验着“自由落体”运动。

人类的身体结构天然适合在重力为 $1g$ 的环境中生存。如果你居住在空间站或前往火星的宇宙飞船上，你的肌肉和骨骼不会受到在地球上生活时的正常压力，可能会开始萎缩。在一个月内，宇航员会损失高达 1%～2%的骨密度，甚至损失更高比例的肌肉质量。在半年的任务后，宇航员将失去超过 40%的肌肉质量和超过 10%的骨密度，这使得宇航员在地球 $1g$ 的环境中会非常虚弱，甚至可能在火星上（重力为 $1/3\ g$）也难以正常生活。如果宇航员在月球（重力为 $1/6\ g$）或火星上生活很长时间，肌肉和骨骼的流失可能会对任务的成功完成产生严重影响。

可以想象一下，作为一名宇航员，在经历了 8 个月的火星之旅后，却因为在旅途中肌肉萎缩而无法抵抗火星的重力。目前，宇航员在国际空间站和航天飞机上的大部分时间都在锻炼，以减缓低重力对肌肉和骨骼的影响。旋转的宇宙飞船的外壳也能对宇航员施加向心力，如果飞船足够大，旋转速度足够快，地球的 1*g* 环境就可以被模拟。

7.4.3 流星体

最后，太阳系中存在微流星体（meteoroid），它们可能来自彗星或小行星。尽管它们的体积可能非常小（只有一粒沙子的尺寸或更小），但与近地轨道或月球表面的宇航员相比，它们的相对速度会很大，可达每小时数万英里（数十米每秒），速度为 17 000 mile/h 的沙粒与速度为 60 mile/h 的保龄球具有相同的动能，所以即使是一点灰尘也可以对宇宙飞船或宇航员产生严重的撞击。流星体对月球的撞击已经被望远镜观测到，会产生明亮的极速闪光。要想防止月球基地被击中，除了开发先进的雷达探测系统和在现有的环形山深处建立实验室之外，几乎没有什么可行的办法。而把基地建在地下不仅能保护宇航员免受流星体的撞击，还能保护他们免受一些空间辐射。

7.5 在月球和火星上生活

宇航员在月球和火星上旅行和工作时将面临无数潜在的健康问题。火星的问题目前最为棘手，因为往返需要几年的时间，而一个可能的解决方案是计划一次单程旅行！尽管一些行星科学家自愿参与，但涉及的伦理和潜在的政治与法律问题不允许这样的尝试。这项为期 3 年的任务中的技术难题包括辐射防护，携带足够的燃料、食物、空气和水（或从火星提取这些资源的技术），克服在低重力环境下旅行和工作的生理影响，最后，生活在如此恶劣的环境中，没有任何获救的机会，带来的心理压力也是令人生畏的。牙齿感染或断肢对依靠整个团队生存的宇航员来说可能是灾难性的。美国国家航空航天局、欧洲人和日本人目前正在发射航天器和火星车来研究这颗红色星球，寻找水并开发从火星土壤或极地冰盖提取资源（燃料、氧气和水）的技术（译者注：我国自主研制的火星探测器“天门一号”及火星车“祝融号”已于 2021 年顺利抵达火星并开展相关科学探测）。火箭燃料实质上是氢气和氧气，因此在火星表面寻找冷冻水可以提供燃料、水和用来呼吸的氧气以满足船员居住在火星和安全返回地球的需要，而无须从地球携带所有东西（见彩图 11，艺术家对可能的火星基地的设想）。辐射和低重力给宇航员造成的身体健康问题是目前没有可靠解决办法的主要难题。

7.6　星际旅行

太空天气不仅发生在我们太阳系的环境中，也发生在其他恒星周围以及星际和星系间的介质中。因此，在两颗恒星之间旅行需要与前往离我们最近的宇宙邻居——月球相同的技术保护（译者注：到那时候我位可能发现需要更加严苛的保护）。人类星际旅行（interstellar travel）面临的最大挑战是恒星之间的遥远距离，要到达离我们最近的恒星邻居，即使以光速飞行，也需要大约四年的时间，而以同样的速度到达银河系中心则需要大约 2.6 万年。我们目前的技术能够以光速的10%左右的速度前进，要访问半人马座阿尔法星至少需要 40 年的时间（还要 4 年时间向任务控制中心发回无线电信息说明你成功了）。

恒星在不断地诞生，它们在演变的初始阶段释放出高水平的紫外线；在恒星垂死挣扎时，高能粒子在巨大的冲击波中不断被加速；双星之间的碰撞，以及恒星和黑洞的辐射充满了宇宙。其他恒星也显示出多变性，在某些情况下，比太阳的变化更强且时间尺度更短。因此，任何星际旅行都是漫长且危险的。

因此，如果在宇宙的其他地方存在生命，即使它们已经进化成智慧生命，也很难令人信服地说这些生命会有能力访问银河系中我们这个角落。当然，在 20 世纪，我们已经开始通过无线电和电视广播向太空发射电磁波信号。20 世纪 50 年代开始，我们已经向星际空间发射了探测器——先锋号和旅行者号宇宙飞船。旅行者 1 号预计将于 2020 年左右离开日球层（译者注：原著出版时的日球层模型有误差，预估的时间比实际长，实际上旅行者 1 号在 2014 年就离开了日球层），进入星际空间，它应该会继续飞越银河系数千年，谁也说不清旅行者 1 号是否会接近另一个拥有太空文明的星系。它带有一张记录了我们文明的唱片，唱片上的星图指出了我们的太阳，还有太阳系地图显示了地球的位置。将来会有智慧生命发现它，破译它，并有能力来寻找它的主人吗?那个时候我们还会在这里吗?

7.7　补充材料

7.7.1　狭义相对论

狭义相对论（special relativity）描述具有接近光速的物体的运动。光速为 3×10^8m/s。这与我们在地球上习惯的正常速度相比真的快了很多——一个光子可以在 1 s 内绕地球近 7.5 圈。阿尔伯特•爱因斯坦在他的“奇迹年”（*annus mirabilis*，拉丁语，意为“非凡的一年”）1905 年提出了狭义相对论。那一年，他发表了四篇论文，每一篇都值得获诺贝尔奖，尽管在 1921 年的诺贝尔奖公告中只引用了一篇光电效应（译者注：原文写成了布朗运动）的研究。另外两篇论文之一描述了他对被称为布朗运动的分子运动的研究，他关于物质和能量等效性的论文则包含了著名的 $E=mc^2$ 方程。

狭义相对论描述运动物体的电和磁的特性。它解释了著名的迈克耳孙-莫雷实验，该实验发现光速与地球的相对运动无关，因此光（不像声波）不需要介质传播。最初的想法是光像声波一样通过一种叫做以太的媒介传播。迈克耳孙-莫雷实验试图通过观测分裂成相互正交的两束光的传播来测量地球的相对运动。一束光线指向地球绕太阳轨道的运动方向，另一束光线则与此方向成直角。他们发现，无论光束的方向如何，光的速度都没有差异。爱因斯坦论文的要点是，没有绝对的参考系，为了使这个假设成立，爱因斯坦需要做出这样的假设：光速与参考系无关，并且无论观察者或发出电磁辐射的物体的运动如何，光速都以一个恒定的速度（称为 c）运动。从本质上说，他改进了经典力学（由艾萨克·牛顿发展起来的研究物体运动的理论，因此被称为牛顿力学），使之与麦克斯韦的电磁理论一致。

这导致了对于移动速度非常快的物体会得出一些非常有趣的(甚至是奇怪的)结论，包括时间膨胀、长度收缩和质量的相对性。时间膨胀是指相对于观察者而言，运动的时钟运行得比它静止时要慢。因此，正如地面上的观测者所观察到的那样，快速移动的航天器上的时钟将比地面上的时钟运行得慢，这已经被实验证明了。因此，时间是相对的，以接近光速飞行的宇航员的“年龄”与留在地球上的宇航员完全不同。想象一下，你以接近光速的速度进行了一次星际往返旅行，回到地球后发现你的孩子现在比你大！这个完全不合常理的结论受到了科学家们的严格审查。多年来，狭义相对论的所有主要预测都得到了检验和证实。狭义相对论被认为是物理学中最成熟的概念之一。

长度收缩是指当一个物体相对于观察者运动时，在观察者看来，它（在运动方向上）的长度会比它相对于观察者静止时的长度 L_0（L_0 被称作静止长度）要短。这就意味着，对于快速飞行的宇宙飞船上的宇航员来说，地球上的物体看起来比它们从地面上看起来要短（对于地面上的观察者来说，宇宙飞船看起来比它在地面上等待起飞时要短）。

相对论质量是狭义相对论的另一个有趣的结论。相对于观察者高速运动的物体比相对静止的物体有更大的质量。因此，地球辐射带中的相对论电子比静止的电子质量更大。为了理解相对论电子与其他粒子的相互作用及其动力学，需要考虑狭义相对论。

这三种效应的大小取决于粒子相对于光的速度。它表示为 v/c，当 v/c 接近 1 时，狭义相对论效应明显。因此，v/c 接近 1 的物体称为相对论性物体。显示这一效应大小的实际方程为：

$$t=\left(t_0/\sqrt{1-v^2/c^2}\right)$$ （时间膨胀）

其中，t_0 是相对于观察者的静止时钟上的时间，t 是相对于同一观察者的运动时钟上的时间。$\sqrt{\ }$ 是平方根的符号。

$$L=L_0\sqrt{1-v^2/c^2}$$ （长度收缩）

其中，L_0 是相对于观察者的静止长度，L 是相对于同一观察者的运动物体的长度。

$$m=\left(m_0/\sqrt{1-v^2/c^2}\right)$$ （相对论质量）

其中，m_0 是相对于观察者的静止质量，而 m 是相对于同一观察者的运动物体的质量。

虽然时间、长度或质量的测量依赖于观察者的相对运动这种结论是很不直观的，但这些效应只出现在相对速度接近光速时。对于几乎所有在地球和太阳系中观测到的运动，常规的牛顿力学都很适用。狭义相对论的另一个重要含义是宇宙极限速度 c。注意当相对速度 $v>c$ 时，观测者观测到的时间、长度和质量就会变成虚数（如果 $v=c$，则质量趋于无穷，长度收缩为零）。狭义相对论的含义是，没有物体的速度能与光速一样快或更快。这对星际间的通信和旅行有着巨大的影响，因为恒星之间的距离是以光年为单位测量的，而星系之间的距离以 10 万光年为单位。

7.7.2　估算和德雷克方程

科学的工具之一就是估算。批判性思考者能够对任何事情进行估计。**恩里克·费米**[①]以他的估算能力而闻名，他能够基于清晰的假设，在很少或根本没有数据的情况下，做出快速且通常准确的估计。这些类型的估计现在通常被称为费米近似。一个著名的费米近似是估计芝加哥有多少钢琴调音师。首先，他估计有多少人住在芝加哥（P_c），有多少人生活在一个家庭（H），拥有钢琴的家庭比例（p_h），他们中有多少人每年都给钢琴调音（f），一个调音师给一架钢琴调音需要多长时间（t）和钢琴调音师每年工作多少小时（T）。由此，你可以估计出在给定

① 恩里克·费米（Enrico Fermi，1901—1954 年），意大利裔美国人，物理学家，诺贝尔奖获得者，他开发了第一个可控链式裂变反应，促进了原子弹和核能的发展。在他去世后一年被发现的原子序数为 100 的元素（fermium）就是以他的名字命名的。

的一年里有多少架钢琴被调好音（芝加哥人口/每个家庭的人数×拥有钢琴的家庭的比例×每年钢琴调音次数）=每年有多少架钢琴在芝加哥演奏（或使用符号表示——$P_c/H \times p_h \times f$）。我们还可以估计一个钢琴调音师每年可以调音的钢琴数量（每天工作的小时数×每周工作的天数×每年工作的周数×每小时调音的钢琴数量）。然后用每年调音的钢琴数量除以一位调音师每年能调音的钢琴数量，你就能估计出芝加哥的调音师数量了。

德雷克①方程也是一种费米近似，它试图估计在任何时候银河系中先进科技可交流文明的数量。它是对恒星系统的数量、拥有可居住行星的恒星系统的比例、拥有生命的恒星系统的比例、拥有先进文明的恒星系统的比例以及科技文明的平均寿命的一系列估计。德雷克方程基本上解决了寻找外星智慧生命（Search for Extra-Terrestrail Intelligence, SETI）所涉及的每个问题。SETI 提出了这样一个问题："我们是宇宙中唯一的生命吗?"自从射电天文学发展以来，我们已经能够扫描天空，寻找任何可能射向地球的无线电通信形式。由于即使是离我们最近的恒星邻居也相距遥远，这些无线电信号在几百到几千年前就离开了它们的来源。在德雷克方程中，N 是我们银河系中能够与我们交流的技术文明的数量。

$$N = R^* \times f_p \times n_e \times f_l \times f_i \times f_c \times L$$

R^* 是银河系形成恒星的平均速率，f_p 是有行星的恒星的比例，n_e 是每个行星系中类地行星的平均数目，f_l 是有生命存在的行星的比例，f_i 是有生命发展出智慧生命的行星的概率，f_c 是有智慧生命愿意并且能够交流的行星的概率，L 是这种文明的预期寿命。

确定其中许多参数是目前热门的研究领域，特别是银河系中恒星和行星的形成率。一个被称为天体生物学的太空科学新领域正试图研究地球上生命的起源和进化，并估计它在其他地方有多普遍。后者目前正在通过寻找火星和可能的一些外行星的卫星上过去和现在存在生命的证据来实现。当然，大多数参数都没有受到很好的约束，因此它们的值有很大的可能范围（对于方程中各个"部分"，许多都不受当前观测的约束，可以是 0 到 1 之间的任何一个数）。宇宙中生命的唯一数据点就是我们自己，所以我们知道这种可能性并不完全为零，但有些科学家认为，在过去 45 亿年里，人类自身发展所需的条件是如此特殊，以至于其他地方的智慧生命几乎不可能存在。因此，银河系中智慧文明的数量估计范围从一（我们

① 弗兰克·德雷克（Frank Drake，1930—），美国射电天文学家，他在 1961 年对银河系中文明的数量做出了估计，并开创了天体生物学的新领域，即研究宇宙中生命的起源和进化。

自己）到数千。估算银河系中同时存在大量先进文明的困难之一是我们还没有找到彼此。如果先进文明存在了 10 万年或数百万年，为什么我们还没有找到它们存在的证据？这通常被称为费米悖论，因为在听到早期从德雷克方程得到的数值较高的估计结果后，费米问道："它们在哪里?"

德雷克方程中最大的未知数和最重要的参数之一是 L，即一个文明预期的寿命。我们这个能够在太空中发送信息的技术文明的寿命只有 100 年，而在过去的 50 年里，我们已经开始了解了一些可能终结我们文明的人为和自然的灾害（如全球核战争、小行星撞击）。一个典型的高级文明能持续多久？我们是孤独的吗？

7.8　问题与思考

1. 调频无线电波（f= 100 MHz）的波长是多少?
2. 列出并描述辐射用于医疗的两种方式。
3. 假设大气标高为 8 km，那么在什么高度气压下降到 10 mbar?
4. 在航天飞机的高度，重力的大小是多少?（高度为 400 km，$g = 9.8\ \mathrm{m/s^2}$）
5. 以 0.9c 运动的辐射带电子的质量是多少?
6. 请估算一下美国大学生的人数。在以类似于德雷克方程的形式进行数值求解之前，先陈述假设并以代数形式列出你的近似估算方法。

第八章　其他太空天气现象

有确切的证据表明，太阳在过去的一千年里活跃度显著降低，但比近250年活跃度要高。这些太阳活动的剧变可能伴随着辐射输出的剧烈且长期的变化。几乎可以肯定的是，它们伴随着来自太阳的粒子流的显著变化，可能会对地球产生影响。

——引自 Eddy（1976）

8.1　关 键 概 念

- 全球气候（global climate）
- 小行星撞击（asteroid impact）
- 超新星（supernova）

8.2　导　　言

太空天气会对**全球气候**产生影响吗？我们知道，太阳辐射到地球的能量是天气和气候的主要驱动力。日夜和季节之间的温差可以用辐射到地表和地球大气层的光照强度来解释。在大多数情况下，太阳光照强度的变化并不是来自于太阳光度或亮度的变化，而是由于地球每日的自转现象，以及半球朝向或远离太阳的倾斜度在全年发生有规律的变化所导致的。在北半球夏季，地轴和北半球都朝向太阳倾斜。六个月后，北半球进入冬季，地球运动到太阳的另一侧，北半球向远离太阳的方向倾斜。

我们知道，地球的气候在过去曾频繁地变化，而这些变化大多是在数千年甚至数百万年的时间里逐渐发生的。地球从全球变冷和大冰期（Ice Ages，首字母大写。译者注：中文也叫冰河期）过渡到相对温暖期的时期，具有规律的气候周期。大冰期在地球历史上有规律地往复出现，两到三百万年前我们进入了最近的一次大冰期——第四纪。大冰期分为冰层广泛覆盖时期（即冰期，ice ages，首字母小写。译者注：也叫 glacial periods）以及与如今气候相似的间冰期（interglacial periods）。

农业和人类文明的兴起，在气候上对应于大约10000年前结束的最后一个冰期（或是进入间冰期）。现在的时代被称为全新世（Holocene），特点是全球气温相对温和，仅在高海拔和极地地区有全年的冰层覆盖。一些全球气候变化与地球轨道（离心率和倾角）的变化相对应，其周期长达数万至数十万年，称为**米兰科维奇**[①]**（Milanković）**周期。板块构造带来的其他大规模变化改变了地球的结构和地貌，缔造、破坏了海洋和山脉。此外，生物本身通过改变大气的化学成分，也改变了地球的气候。地球第一次发生大规模的气候变化，是在具备光合作用的生命出现或形成后不久，光合作用释放出用于呼吸的氧气。如今，因为工业革命导致温室气体不断增加，地球在20世纪经历了过去1000年来最严重的气候变暖。模型预测表明，因为使用碳氢化合物燃料用于运输和能源供应，在未来不到100年的时间内，地球的气候将与如今大不相同，这远快于气候变化的正常时间尺度。

太阳的光度或其他能量输出是否会发生变化？11年的太阳周期是否为太阳的永久属性？我们知道太阳在不断变化，这些变化每时每刻、日复一日、年复一年地被观察到，并且在几个世纪以来皆是如此。有记录以来发生过的最显著变化是标志太阳活动强度的太阳黑子数明显减少，被称为蒙德极小期。这一时期恰逢欧洲和北美冬季极冷、夏季凉爽的时期，被称为“小冰期”。那么，太阳活动变化和气候变化之间是否存在因果关系呢？

太阳并不是进入地球空间环境的唯一能源，宇宙射线、小行星、彗星和附近其他恒星的电磁能也会对地球产生影响。尽管能产生重大影响的事件非常罕见，但这种事件发生在了近期的地球历史中。随着人类数量的持续增长，其中一些极端太空天气效应的影响可能是毁灭性的。本章描述的三种长期性太空天气效应，可能对人类文明产生重大或潜在灾难性的影响。

8.3　气候变化和太空天气的关系

代表太阳活动强度的太阳黑子数发生变化，会怎样影响天气和气候呢？我们知道，在11年的太阳周期中，太阳的光度几乎没有变化（有充分的理由称之为太阳常数）。太阳活动极小期和极大期之间的总光度变化约0.1%。地球气候模型清楚地表明，这一级别的变化对全球平均温度或大规模天气模式的影响非常小。然而，有相当多的证据表明，长期的太阳活动和气候之间存在显著的相关性。如果

---

① 米卢廷·米兰科维奇（Milutin Milanković, 1879—1958年），塞尔维亚工程师和数学家，他证明了许多气候发生变化的时期都与地球轨道特征的变化相对应，例如地球的倾角和轨道离心率的变化。

不是来自太阳的能量，那么关联地球气候和太阳活动的物理机制是什么？随着20世纪七八十年代对太阳的天基观测，我们了解到太阳紫外线辐射量在一个太阳周期内会发生6%到8%的变化。太阳辐射出的高能紫外线和X射线的数量与太阳黑子数相关，因此在太阳活动极大期，太阳活动和来自太阳的高能辐射量处于峰值。

高层大气吸收的高能电磁辐射可能会影响一些化学反应，所以紫外线和X射线强度的变化会对大气的总能量平衡产生重要影响。高能太阳辐射的增加会增加高层大气中的臭氧含量，导致气候变暖。由于高能太阳辐射增强，在整个太阳周期中，热层的温度变化了两倍（从大约1000K到2000K）。不过，我们还不了解能量如何从高层大气耦合到对流层。

一种说法是，太阳活动和气候是通过云层的形成联系起来。云层在气候调节中发挥着重要作用，因为它们会影响到达地面的阳光总量和地球的温室效应。云是由水蒸气在气溶胶小颗粒上凝结而形成的。气溶胶既来自云层上面，也来自云层下面。云层下有一些天然的大型气溶胶来源，如沙尘暴、海雾和火山爆发。此外，阳光会与各种气体（例如沼泽气体、汽车和工业烟囱的废气）发生化学反应，从而产生气溶胶。在云层上方，宇宙射线可以与大气相互作用，发生各种化学反应而形成气溶胶，以此促进云的形成。回想一下，撞击地球的宇宙射线数量取决于太阳磁场（主要是远离太阳的部分，即行星际磁场——IMF）的强度。强大的太阳磁场在日球层中产生强IMF，使宇宙射线无法进入太阳系深处。到达地球的宇宙射线数量减少，云层覆盖则减少，这将导致更多的阳光到达地表。在太阳活动极小期和蒙德极小期，太阳活动强度很低，因此IMF很弱，这将造成更多的宇宙射线撞击地球大气层，导致云量增加并减少到达地球表面的光照。

那么太阳活动（通过IMF、宇宙射线和云层的相互作用）是气候变化的另一个驱动因素吗？由于目前太阳观测和气候数据的时间尺度非常短，其中许多相关性很难确认，因此气候学界对此存在相当多的怀疑。然而，现在提出的物理机制将太空天气、气候和古代气候（paleo-climate，paleo意为古代或史前，来自希腊语，意为“很久以前”）联系起来，证明许多气候变化与太阳活动变化之间存在相关性。一些剧烈的气候变化期，如从约十世纪持续到十三世纪的中世纪气候最佳期（Medieval Climatic Optimum），就与强烈的太阳活动有关。这一时期，至少是北大西洋周围地区的气温有所上升。在此期间，北欧人定居格陵兰岛，并给它起了一个现在看起来很奇怪的名字，因为目前它常年被世界上最大的冰盖之一所覆盖（译者注：格陵兰岛英文名称为Greenland，直译为“绿色的土地”，这与它现在被白色覆盖的样貌相左）。

气候变化的原因有很多，而且地球的气候在过去发生了巨大的变化。我们现在开始意识到，太阳不是一颗稳定不变的恒星，它的可变性会对地球产生重大影响。

8.4　小行星和彗星撞击

太阳和宇宙射线并不是能量从太空进入地球大气层的唯一来源。自地球形成以来，彗星和小行星就曾撞击过地球。最大的一次撞击发生在地球历史的早期，当时一颗大型小行星（与火星的直径相同，大约是地球的一半大小）撞击地球。在这次碰撞中，月亮形成了。从那时起，地球不断受到小行星和彗星的撞击，尽管自大约 38 亿年前以来，撞击频率已经大大下降。因为早期太阳系中的小行星和彗星不断地撞击，地球从 45 亿年前形成到大约 38 亿年前的时代被称为冥古宙（Hadean，希腊语中"地狱"一词）。在过去的 38 亿年里，这类天体中的大部分都撞击了行星和卫星，或发生相互撞击，结果便从太阳系中被清除，或被限制在准稳定的轨道上，例如小行星带。然而，仍然有相当多天体穿越地球轨道，地球每年被这些天体撞击的概率很小但不可忽略，这可能会对全球气候造成影响。

一些最为急速的气候变化事件与小行星撞击地球有关。最著名的是发生在 6500 万年前的**小行星撞击**事件，被认为是恐龙灭绝的导火索。那么，这样的事件会不会再次发生？答案是肯定的。外星尘埃、流星体和小行星不断地轰击地球，有些能到达地球表面。每天大约有 100 t 外星物质落在地球表面（我们窗台上的一些灰尘可能是星际物质）。一些灰尘或沙子大小的物体在大气中"燃烧"形成流星轨迹或者流星。许多穿过地球轨道的大型物体，可能会撞击地球，其中直径大于 1—2 km 的物体会对全球产生影响。这种体积的近地小行星约有 1100 颗，小行星撞击地球的概率为每百万年一次。比这更小的天体更有可能撞击地球，虽然它们基本不会造成长期性的全球气候变化，但仍会对撞击地造成伤害和致命打击。彩图 12 显示了亚利桑那州北部陨石坑的图片，它大约有 2 万—5 万年的历史，宽 1200 m，深 170 m。陨石坑是由一颗直径约 50 m 的铁镍流星撞击形成的，据估计，这种类型和大小的小行星每隔几千年撞击地球一次。

最近一次直径为 50—100 m 的小行星撞击发生在 1908 年，当时一颗小行星撞击了通古斯附近的西伯利亚森林。直径小于 100 m 的小行星通常不会撞击地球表面，而是在空气中爆炸（称为空爆）。幸运的是，这颗小行星撞击的地方离人口稠密地区很远，但它撞倒了约 2150 km^2 内的树木，并释放出相当于大约 50 Mt 大型核弹的爆炸能量。如果这次撞击发生在一个人口稠密的城市，将造成历史上最具毁灭性的自然灾害之一。

当一颗较大的小行星撞击地球时，其对大气和气候的影响主要取决于它是撞击海洋还是陆地。撞击海洋产生的影响可能更大，因为海洋几乎覆盖了地球表面的四分之三。较大的小行星撞击海洋会使大量的水进入平流层，并引发大规模海啸。一些模型预测，一颗直径 154 km 的小行星在大西洋中部撞击，会在海洋中炸出一个延伸到海底的直径 11 mile 的洞，并在水向洞中回流时引发巨大的海啸。当海啸袭击美国海岸外的大陆架时，将产生一个约 100 m 高的海浪。显然，这将影响到数千米内的陆地，并摧毁沿海社区。平流层水蒸气的存在，可能会产生类似于大规模火山爆发的短期性气候影响。据估计，自恐龙时代以来，地球已经被直径达到千米级别的小行星撞击了大约 600 次。直径超过 2 km 的小行星撞击地球，将造成全球性打击，可能直接导致数十亿人死亡。

因为大量的灰尘喷射到平流层，对陆地的撞击可能会对全球气候产生影响，并可能引发大规模的火灾。而平流层尘埃可以通过阻挡阳光和改变大气成分来降低地表温度，这种降温效应是全球性的，并可能持续数年。最近的火山喷发，如皮纳图博火山（Mt Pinatubo）喷发，对全球温度产生了持续数年的显著影响。

20 世纪 90 年代后期上映的两部好莱坞电影——《天地大冲撞》（*Deep Impact*）和《世界末日》（*Armageddon*），设想了人类对于大规模小行星撞击地球的反应。对于可能撞击地球的所有小行星，目前我们还没有完整的清单，即使知道有一颗小行星正朝着地球袭来，我们也无能为力。NASA 有一个名为近地天体（http://cneos.jpl.nasa.gov/）的项目，试图识别所有穿过地球轨道并有一定概率撞击地球的小行星和彗星。生物被小行星撞击致死的概率非常小，在它们的生命历程中，这个概率的年平均值大约为 1∶20000。然而，潜在的全球影响使这些极不可能但极具破坏性的事件在地球历史上变得非常重要，小行星撞击最有可能摧毁人类文明的自然灾害。

8.5　附近的超新星

超新星有两种主要类型，Ⅰ型和Ⅱ型（天文学家有时在命名事物方面缺乏想象力）。Ⅰ型超新星出现在双星系统中，当一颗白矮星（类死星的残余物）吸附或吸引来自其主序伴星（译者注：指双星系统中还在进行核心氢聚变的恒星）的物质时，这种物质会在白矮星上堆积，由此产生的压力增加会导致内部温度升高，导致白矮星的表层发生爆炸。而当一颗比太阳质量大得多的恒星耗尽其核燃料，热核反应停止并且在自身引力作用下坍缩时，就会产生Ⅱ型超新星。这种坍缩会引发大规模的爆炸，释放出大量的能量（大约是太阳发出的能量的 10 亿倍，通常是Ⅰ型超新星的能量的几倍)。这种能量以电磁辐射(伽马射线)和高能粒子的形式出现在宇宙中。如果地球附近有超新星会发生什么?如果一颗超新星在距地球50或100光年的范围内爆炸,输入地球空间环境和大气的能量足以显著改变大气的光化学性质并破坏臭氧层,这将使地球表面暴露于来自超新星和太阳的高剂量紫外线辐射。而且,这种影响会持续数年,紫外线辐射剂量可能达到正常水平的10000倍,将对生物圈产生重大影响。银河系的半径约为100000光年,因此100光年以内的恒星就在我们附近。

离地球100光年以内有多少颗恒星?据估计约有14000颗,其中大部分是未知的。因为即使在地球附近,仍有许多恒星因太暗而无法被探测到。这些恒星中有多少可以变成超新星?在银河系中,大约每一个世纪就有一颗恒星变成超新星。最近一次发生在1680年。近期,超新星1987A出现在大麦哲伦星云中,这是银河系的伴星系,可以在南半球暗处用肉眼看到。距离地球100光年以内发生超新星的时间间隔估计为数亿年。

因此,尽管发生近距离超新星爆炸的可能性极小,但它们仍有可能对全球气候和文明产生影响。这些难以发生但具有高度破坏性的太空天气事件,可能会对地球造成灾难性后果。

8.6 补充材料

8.6.1 动能与能量守恒

能量有许多不同的形式:机械能、化学能、电能等。机械能是物体因其运动而具有的动能和因其存在的位置而具有的势能的总和。例如,如果弹簧被压缩或拉伸,它将具备势能;当弹簧被松开时,势能转化为动能。再举一例,把球举到地面之上,由于球处在地面之上的位置,它具有重力势能。如果球下落,从它下落开始加速直到落地的过程中,它的势能转化为动能。

化学能是包含在原子化学键间的势能。当化学反应(例如氧和甲烷气体的氧化反应)发生时,能量以热、光和对外做功(气体膨胀)的形式释放,释放的能量取决于化学反应中反应物的类型和数量。释放能量的反应称为放热反应(exothermic,“exo”在希腊语中的意思是“外部”,相当于out of,而“thermic”在希腊语中的意思是“热”),其他从外部获取能量并将其吸收到产物中的反应称为吸热反应(endothermic,“endo”在希腊语中的意思是“内部”,相当于within)。生物利用化学能维持生命,维持动物生命的化学反应包括糖和其他碳氢化合物的氧化。人类还使用化学能进行运输(燃烧汽油将碳氢燃料中的化学能转化为移动活塞的机械能，再将其传递到驱动轴和车轮）和环境控制（空调和供暖）。

动能的概念（运动产生的能量）对于理解小行星撞击非常重要，因为小行星的动能决定了它撞击地球后对生命的破坏程度。动能与物体的质量（运动物体的质量越大，动能越大）和速度的平方（物体运动得越快，动能越大）成正比。公式为

$$KE = \frac{1}{2}mv^2$$

能量的国际单位是焦耳（J）。

能量守恒表示封闭系统中的总能量必须守恒。换句话说，可以将系统的能量从一种形式转换为另一种形式（从势转换为动能，或从化学能转换为机械能），但如果不添加能量，则无法从系统中获得比现有能量更多的能量。利用该原理能够轻松计算与物体运动有关的许多重要变量。例如，人们想知道 1 kg 的物体从 1 m 高的地方掉落，它在落地前的速度有多快。由能量守恒定律可知，系统的势能可以转化为动能。为表示高于地面的物体的势能，一种方法是用 PE 表示势能，m 是质量，g 是地球表面的重力加速度，h 是离地高度：

$$PE = mgh$$

因为势能转换为动能，上式被认为与物体落地前的动能相等，由此得知物体落地前的速度。所以有公式，

$$PE = mgh = KE = \frac{1}{2}mv^2$$

$$v = \sqrt{2gh}$$

1 kg 的物体在落地之前将以约 4.4 m/s 的速度移动。注意，物体的质量在方程中被抵消，所以物体从高处坠落的速度与物体的质量无关，仅取决于重力加速度和坠落高度。

对于小行星，我们可以估计其速度和质量，因此可以计算释放的动能总量。我们利用能量守恒定律来理解动能将转换成何种形式的能量（如热量、声能、泥土和岩石或水被撞击后的动能等）。直径超过 2 km 的小行星，其释放的能量将给全球带来灾难。即使是直径小于 2 km 的小行星也会产生重大的区域性影响，可能直接影响数百万人，并造成无法预估的人员死亡和数千亿美元的经济损失。关于各种大小的小行星对人类和经济影响的概率和损害估计，请参见 Chesley 和 Ward 于 2006 年发表的文章。

8.6.2　相关性和因果关系

科学的目标之一是了解事物是如何运行以及为何如此的，这可以帮助我们预测未来的结果（比如，我们知道吸烟会导致肺癌和其他一些疾病。因此，阻止年轻人吸烟，可以降低总体医疗成本和一些疾病的影响）。尝试找到原因的一种方法，是研究一些参数，进而弄清楚是否有什么参数与所研究的现象相关。例如，研究飓风的科学家分析了海面温度、大气压力和各高度风速的作用。气象学家发现，温暖的海面温度会导致热带风暴和飓风的形成，而上层风可能不利于风暴的发展。有了这些信息，预报员和气象学家就可以建立物理模型，以预测飓风的发展和演变。当然，科学家在寻找相关性时，必须对要检查的参数做出一些假设或初步预测。这是通过分析可能的物理机制来实现的，这些机制将一个参数与某个结果或现象联系起来。例如，在太空天气中，人们会认为行星际磁场的方向对磁暴的强度产生影响。这源于我们对磁重联的理解——南向的 IMF 可以直接与地球北向的磁场耦合，并将能量从太阳风转移到地球的磁层中。南向 IMF 与地磁活动之间的极强相关性提供了强有力的证据，证明磁重联在日侧磁层中起着重要作用。当然，科学家们可以检查很多种因素，分析它们与地磁活动是否相关，可以包括黄金的价格、某支运动队的表现、犯罪率、月相或其他无数因素。这个过程中或许会发生令人非常惊讶的事情，如果观察足够多的随机变量，它们中的一些很有可能与地磁活动（或一些你正在分析的其他因素）相关。大多数事物往往具有周期性或循环发生的特征，但有时两种现象看似相互关联，实际仅是偶然现象。

另一复杂的情况是，没有直接证据证明一种现象与另一种现象相关，但可能存在一种物理机制将这两种现象潜在地联系起来。这是因为许多独立的因素，可能存在相关性。例如，许多疾病的高死亡率与文盲存在着密切的相关性。致命疾病和阅读能力之间没有直接的因果关系，但它们之间有着明确而强烈的相关性。解释这一难题的思路是，社会经济地位低下与文盲之间存在着很强的相关性，而社会经济地位低与获得医疗保健服务和健康饮食之间也存在着强烈的相关性。因此，文盲不是致命疾病的直接原因，贫穷也不是，直接原因是缺乏医疗保健服务和健康饮食。

因此，当尝试找出事件的原因时，务必注意不要混淆相关性和因果关系。在将两个变量联系起来时，必须始终坚持明确的物理机制，并且必须重复检验相关性是纯粹的巧合还是实际相关。

8.7 问题与思考

1. 最近的一些研究表明，太阳的磁场强度正在增加，长时间的强太阳磁场对气候的潜在影响是什么？

2. 臭氧层在保护地球表面生命方面起着什么作用？地球的磁层扮演什么角色？

3. 动能是运动产生的能量。如果一颗直径为 1 km 的球状小行星由铁制成（密度约为 $8000kg/m^3$），并以 10km/s 的相对速度撞击地球，它的动能是多少？请将答案单位转换为“百万吨 TNT”（1 百万吨 TNT=4.18×10^{15} J）。

4. 社会是否应该关注小行星撞击或地球附近超新星爆炸等低概率事件？气候变化有许多自然驱动因素，社会是否应该关注可能需要几十年甚至几个世纪才能显现出来的全球气候变化？

5. 地球附近的超新星是否有爆炸预警？为什么？

6. 由于小行星撞击和超新星爆炸事件，在过去每隔几亿到几十亿年就会发生一次撞击（随之而来的是生物大灭绝事件）。对此，如何解释今天我们的存在？

参考文献

Akasofu, S.-I. (1964). The development of the auroral substorm. *Planet. Space Sci.* **12**, 273-282.

Asplund, M., Grevesse, N., Sauval, A. J., & Scott, P. (2009). The chemical composition of the sun. Annual Review of Astronomy & Astrophysics, 47(1), 481-522.

Ben-Ezra, Y., Pershin, Y. V., Kaplunovsky, Y. A., Vagner, I. D., & Wyder, P. (2000). Magnetic fractal dimensionality of the surface discharge under strong magnetic fields. Tech. report, Physics and Engineering Research Institute, Emek Hefer, Israel.

Carrington, R. C. (1860). Description of a singular appearance seen in the Sun on September 1, 1859. *Mon. Not. Roy. Astron. Soc.*, **20**, 13-15.

Chesley, S. R. & Ward, S. N. (2006). A quantitative assessment of the human and economic hazard from impact-generated tsunami. *Nat. Haz.* **38**, 355-374.

Clarke, A. C. (1945). V2 for ionosphere research? *Wireless World*, February, p. 58, Letter to the editor.

Galilei, G. (1613). *Istoria e Dimostrazioni Intorno Alle Macchie Solari e Loro Accidenti*. Rome: Giacomo Mascardi.

Gold, T. (1959). Motions in the magnetosphere of the Earth. *J. Geophys. Res.*, **64**, 1219-1224.

Hess, W. N., ed. (1968). *The Radiation Belt and Magnetosphere*. Waltham, MA: Blaisdell Publishing Company.

Jokipii, J. R. & Thomas, B. (1981). Effects of drift on the transport of cosmic rays. IV. Modulation by a wavy interplanetary current sheet. *Astrophys. J.*, **243**, 1115-1122.

Kivelson, M. G. & Russell, C. T., eds. (1995). *Introduction to Space Physics*. Cambridge, UK: Cambridge University Press.

Loomis, E. (1869). Aurora borealis or polar light. *Harper's New Month. Mag.*, **39**, 1-21.

Spinoza, B. (1677). *Ethics*. Everyman's Library, No. 481, 1963, London: Dent. Translated by A. Boyle.

阅 读 推 荐

Akasofu, S.-I. (1989). The dynamic aurora. *Sci. Am.* **260**, 90-97.

Alexander, P. (1992). History of solar coronal expansion studies. *Eos Trans. AGU* **73**, 433, 438.

Baker, D. N., Allen, J. H., Kanekal, S. G. & Reeves, G. D. (1998). Disturbed space environment may have been related to pager satellite failure. *Eos Trans. AGU* **79**, 477, 482-483.

Biermann, L. F. & Lust, R. (1958). The tails of comets. *Sci. Am.* **199**, 44.

Bone, N. (1996). *The Aurora: Sun-Earth Interactions*. John Wiley & Sons, 2nd edition, published in association with Praxis Publishing Ltd, Chichester.

Burch, J. L. (2001). The fury of space storms. *Sci. Am.* **284**, 86-94.

Carlowicz, M. J. & Lopez, R. E. (2002). *Storms from the Sun: the Emerging Science of Space Weather*. Washington, DC: The Joseph Henry Press.

Chapman, S. (1967). History of aurora and airglow. In *Aurora and Airglow: Proceedings of the NATO Advanced Study Institute held at the University of Keele, Staffordshire, England, August 15-26, 1966*, ed. B. M. McCormac. New York: Reinhold Publishing Corporation, pp. 15-28.

Cliver, E. W. (1994a). Solar activity and geomagnetic storms: the first 40 years. *Eos Trans. AGU* **75**, 569, 574-575.

Cliver, E. W. (1994b). Solar activity and geomagnetic storms: the corpuscular hypothesis. *Eos Trans. AGU* **75**, 609, 612-613.

Dessler, A. J. (1967). Solar wind and interplanetary magnetic field. *Rev. Geophys.* **5**, 1-41.

Dooling, D. (1995). Stormy weather in space. *IEEE Spectrum* **32**, 64-72. doi:10.1109/6.387145.

Dwivedi, B. N. & Phillips, K. J. H. (2001). The paradox of the Sun's hot corona. *Sci. Am.* **284**, 40-47.

Foukal, P. V. (1990). The variable Sun. *Sci. Am.* **262**, 34-41.

Gillmor, C. S. & Spreiter, J. R., eds. (1997). *Discovery of the Magnetosphere*, volume 7 of *History of Geophysics*. Washington, DC: American Geophysical Union.

Hewish, A. (1988). The interplanetary weather forecast. *New Scientist* **118**, 46-50.

Holzworth, II, R. H. (1975). Folklore and the aurora. *Eos Trans. AGU* **56**, 686-688.

Joselyn, J. A. (1992). The impact of solar flares and magnetic storms on humans. *Eos Trans. AGU* **73**, 81, 84-85.

Kappenman, J. G. & Albertson, V. D. (1990). Bracing for the geomagnetic storms. *IEEE Spectrum*, **27**, 27-33.

Lerner, E. J. (1995). Space weather. *Discover* **16**, 45-61.

Meadows, A. J. & Kennedy, J. E. (1981). The origin of solar-terrestrial studies. *Vist. Astron.* **25**, 419-426.

Parker, E. N. (1964). The solar wind. *Sci. Am.* **210**, 66-76.

Rishbeth, H. (2001). The centenary of solar-terrestrial physics. *J. Atmos. Sol. Terr. Phys.* **63**, 1883-1890.

Silverman, S. (1997). 19th century auroral observations reveal solar activity patterns. *Eos Trans. AGU* **78**, 145, 149-150.

Siscoe, G. (2000). The space-weather enterprise: past, present, and future. *J. Atmos. Sol. Terr. Phys.* **62**, 1223-1232.

Stern, D. P. (1989). A brief history of magnetospheric physics before the spaceflight era. *Rev. Geophys.* **27**, 103-114.

Stern, D. P. (1996). A brief history of magnetospheric physics during the space age. *Rev. Geophys.* **34**, 1-31.

Suess, S. T. & Tsurutani, B. T., eds. (1998). *From the Sun: Auroras, Magnetic Storms, Solar Flares, Cosmic Rays*. Washington, DC: American Geophysical Union.

van Allen, J. A. (1975). Interplanetary particles and fields. *Sci. Am.* **233**, 161-173.

附录A 网络资源

有很多与太空天气相关的优秀网站。 以下介绍一些方便了解日-地关系各种资讯的网站：

www.spaceweather.com. 是一个定期更新的提供有关太阳-地球环境的新闻和信息的网站；

美国国家海洋和大气管理局空间环境中心也在持续监测和预报地球空间环境；提供准确、可靠和有用的日地信息；开展并领导研究和发展计划，以了解环境和改善服务；为决策者和规划人员提供咨询；在太空天气界发挥领导作用；并培育太空天气服务业。**www.sec.noaa.gov/.** 空间环境中心提供美国太空天气警报和警告的官方来源机构；

www.sat-index.com/failures/. 可提供卫星停机和故障列表；

www.agu.org/journals/spaceweather/.（译者注：已改为 **https://agupubs.onlinelibrary. wiley. com/journal/15427390**），《太空天气》（Space Weather: The International Journal of Research and Applications）是一份在线出版物，专门讨论太空天气这一新兴领域及其对技术系统的影响，包括：通信、电力和卫星导航；

sec.gsfc.nasa.gov/. 是美国国家航空航天局（NASA）关于太阳-地球关系的网站；

www.hao.ucar.edu/. 高山天文台 （HAO） 探索太阳及其对地球大气和物理环境的影响，在研究、观测设施、社区数据服务和教育方面的合作伙伴遍布全美国乃至国际科学界；

esa-spaceweather.net/. 欧洲航天局的空间气象服务网站；

www.nso.edu/. 美国国家太阳观测台网页提供来自多个太阳观测台的太阳图像和数据。

要了解一门科学，就必须了解它的历史——奥古斯特·孔德（Auguste Comte）。

measure.igpp.ucla.edu/solar-terrestrial-luminaries/timeline.html. 为我们提供理解日-地关系方面取得主要成就的时间表。

附录 B　国际单位制

表 B.1　基本 SI 单位（有关 SI 单位的更多信息，请参阅 physics.nist.gov）

基本量	名称	符号
长度	米	m
质量	千克	kg
时间	秒	s
电流	安培	A
热力学温度	开尔文	K
物质的量	摩尔	mol
发光强度	坎德拉	cd

为了方便理解，一些导出 SI 单位被赋予了特殊的名称和符号。以下是太空天气研究中使用的一部分。

表 B.2　具有特殊名称和符号的导出 SI 单位

导出量	名称	符号
频率	赫兹	Hz
力	牛顿	N
压强	帕斯卡	Pa
能量、功	焦耳	J
功率	瓦特	W
电荷量	库仑	C
电压、电动势	伏特	V
电容	法拉	F
电阻	欧姆	Ω
电导	西门子	S
磁通量	韦伯	Wb
磁通量密度	特斯拉	T
电感	亨利	H
摄氏温度	摄氏度	℃
光通量	流明	lm
放射性活度	贝可勒尔	Bq
吸收剂量	戈瑞	Gy
剂量当量	希沃特	Sv

附录 C　国际单位制前缀（词头）

因子	名称	符号	因子	名称	符号
10^{24}	尧[它]	Y	10^{-1}	分	d
10^{21}	泽[它]	Z	10^{-2}	厘	c
10^{18}	艾[可萨]	E	10^{-3}	毫	m
10^{15}	拍[它]	P	10^{-6}	微	μ
10^{12}	太[拉]	T	10^{-9}	纳[诺]	n
10^{9}	吉[咖]	G	10^{-12}	皮[可]	p
10^{6}	兆	M	10^{-15}	飞[母托]	f
10^{3}	千	k	10^{-18}	阿[托]	a
10^{2}	百	h	10^{-21}	仄[普托]	z
10^{1}	十	da	10^{-24}	幺[科托]	y

彩　　图

彩图 1　从航天飞机上拍摄的照片中截取的地球的边缘

注意蓝色的大气与黑色的太空之间的陡峭边界（来自美国国家航空航天局）

彩图 2　美国国家航空航天局 SOHO 卫星上的白光日冕仪观测到的从太阳喷发的日冕物质抛射

SOHO/LASCO 提供，SOHO 是欧空局和美国国家航空航天局的国际合作项目

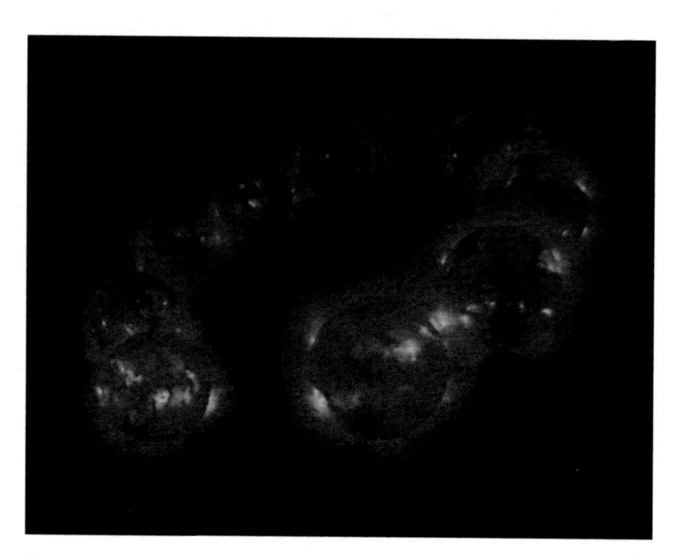

彩图 3　阳光号卫星在一个太阳周期内针对 X 射线进行观测得到的太阳图像

请注意，在太阳活动最大期，太阳是明亮的，从 X 射线成像中看是有结构的；而在太阳活动最小期，从 X 射线看到的太阳基本上是暗的（太阳 X 射线图像来自日本 ISAS 的阳光（Yohkoh）计划。X 射线望远镜是由洛克希德-马丁公司太阳与天体物理学实验室、日本国家天文实验室和东京大学在美国国家航空航天局和 ISAS 的支持下制成的）

彩图 4　日全食图

在日全食期间，月球直接运行到太阳前面，完全遮住了太阳的光球层。因此，在日食持续的几分钟期间，色球层和日冕变得可见了（来自美国国家航空航天局）

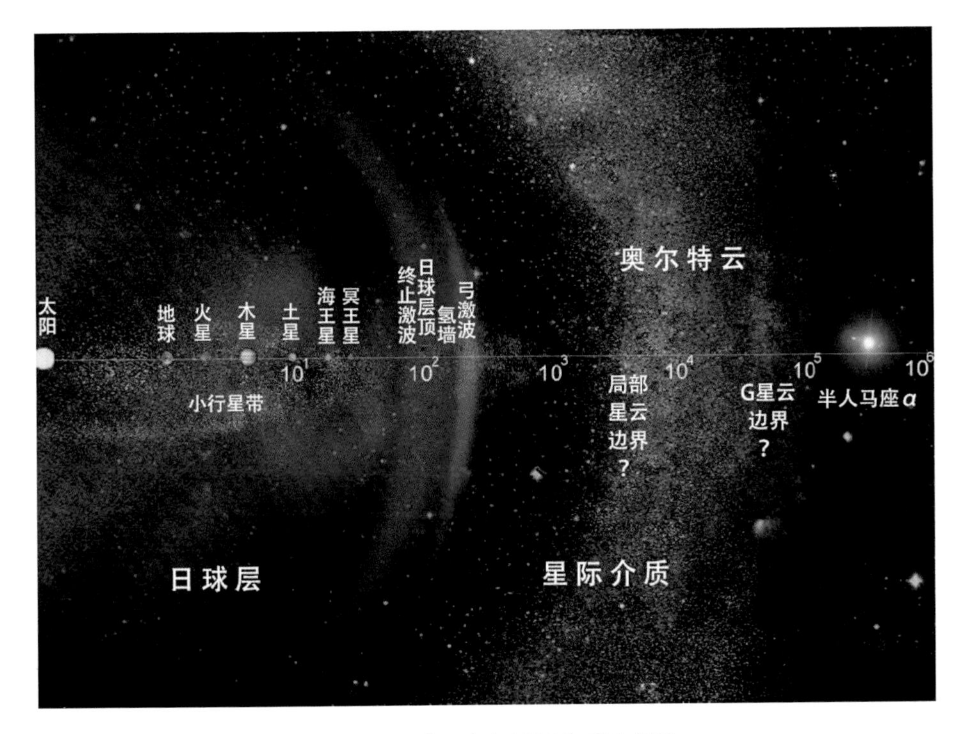

彩图 5　日球层和行星际介质示意图

日球层和行星际介质一直延伸到我们最近的恒星邻居——半人马座阿尔法星。请注意，坐标刻度是对数，以天文单位（AU）为单位，刻度线表示与太阳的距离，每个刻度值都是前一个的十倍（来自 NASA 星际探测器科学和技术定义小组，1999 年）（译者注：图中未显示太阳系所有行星）

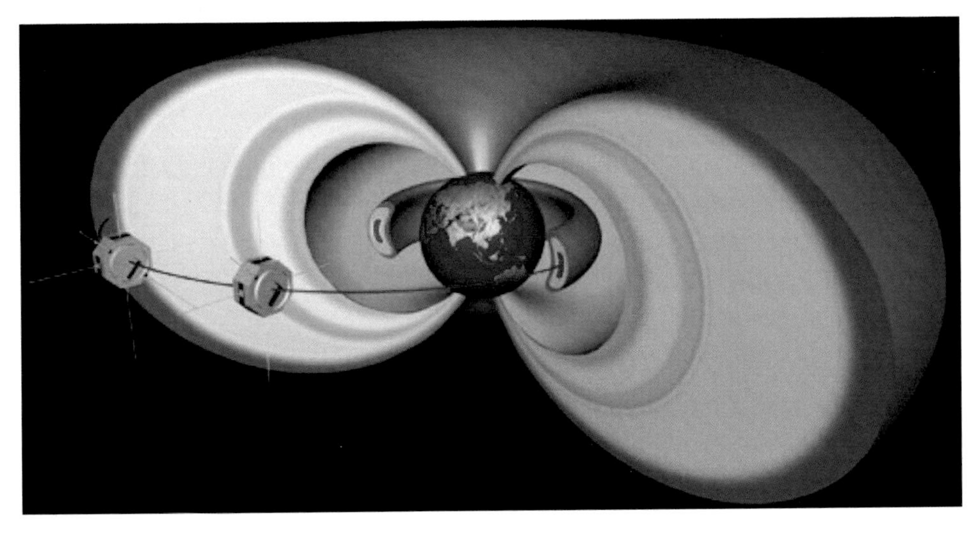

彩图 6　根据美国国家航空航天局不同卫星的测量结果得到的地球辐射带示意图

这张 3D 假彩色图像显示了地球磁层内辐射带和外辐射带的结构（来自约翰斯·霍普金斯大学应用物理实验室）

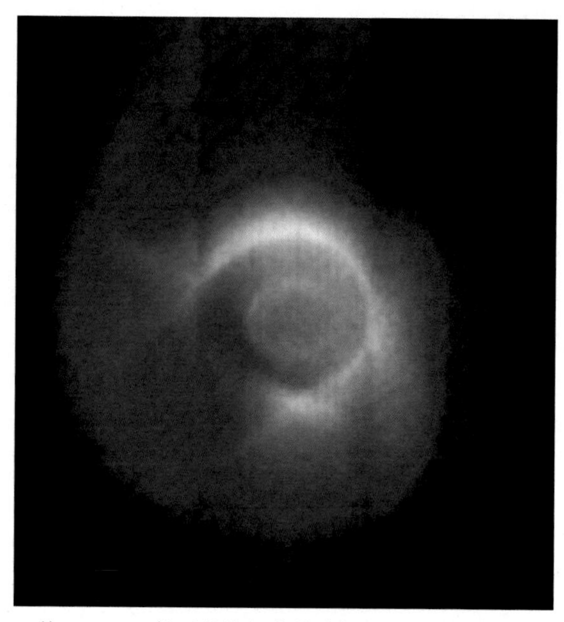

彩图 7　从 IMAGE 航天器的极紫外线探测仪中观测到的等离子层

蓝色是高密度等离子层的假彩色图像。它从地球表面延伸几个地球半径。请注意，此图像中清晰可见的边界称为等离子体层顶。视角是从北极上空看向地球，太阳在右上角。椭圆形极光卵在图像中心可见（来自 IMAGE，由比尔・桑德尔提供）

彩图 8　在阿拉斯加看到的极光

照片由简・柯蒂斯提供

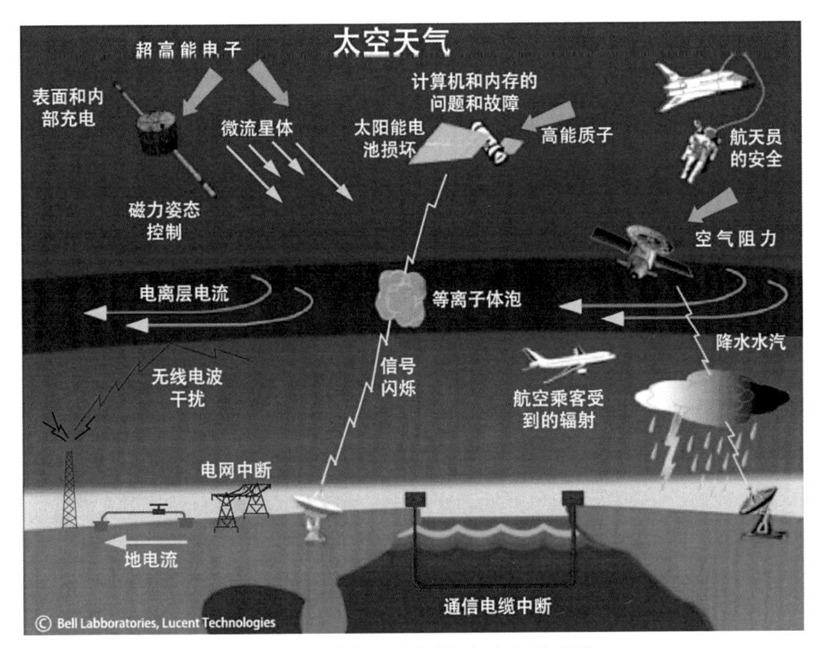

彩图9　受太空天气影响的各种系统

包括卫星、航天员、无线电通信和电网（来自贝尔实验室，朗讯科技）

彩图10　1989年3月一个超大地磁风暴引起的电力超载使变压器熔毁的特写图片

来自美国国家天气计划战略计划，联邦气象服务和研究支持协调办公室，FCM-P30-1995，华盛顿特区，1995年

彩图 11 艺术家绘制的火星前哨站概念图

来自美国国家航空航天局

彩图 12 位于亚利桑那州北部的陨石坑

在大约 2 万—5 万年前，由一颗直径 50 米的小行星撞击形成（航空照片由美国国家航空航天局大卫 • 罗迪博士提供）